Naturlexikon für Kinder

DORLING KINDERSLEY

DORLING KINDERSLEY
London, New York, Melbourne, München und Delhi

Text und Redaktion Caroline Bingham, Ben Morgan
Gestaltung Tory Gordon-Harris
Bildbetreuung Laura Roberts-Jensen
Zusätzliche Gestaltung Karen Hood
Projektleitung Sue Leonard
Umschlaggestaltung Victoria Harvey
Bildrecherche Mariana Sonnenberg
Herstellung Seyhan Esen
DTP-Design Almudena Díaz

Fachliche Beratung Dr. Kim Dennis-Bryan

Für die deutsche Ausgabe:
Programmleitung Monika Schlitzer
Projektbetreuung Martina Glöde
Herstellungsleitung Dorothee Whittaker
Herstellung Anna Strommer

Bibliografische Information Der Deutschen Bibliothek
Die Deutsche Bibliothek verzeichnet diese Publikation in der Deutschen Nationalbibliografie; detaillierte bibliografische Daten sind im Internet über http://dnb.ddb.de abrufbar.

Titel der englischen Originalausgabe:
Nature encyclopedia

Übersetzung Eva Sixt
Redaktion Angela Obermaier

ISBN 10: 3-8310-0900-7
ISBN 13: 978-3-8310-0900-8

Colour reproduction by Colourscan, Singapore
Printed and bound in China by Toppan

Besuchen Sie uns im Internet
www.dk.com

Inhalt

Am unteren Rand steht auf jeder linken Seite eine Frage …

Wegweiser durch das Buch

Was möchtest du ganz genau wissen? Auf den Seiten dieses Buches findest du besondere Elemente. Sieh genau hin und du wirst viel Interessantes erfahren!

Sieh dir die Bilder in den Kapiteln an, um die Antworten auf das Quiz zu finden.

„Mehr wissen“ sagt dir, wo du mehr zu einem Thema findest.

Farbige Balken oben auf jeder Seite zeigen an, zu welchem Kapitel sie gehören.

Probier's aus!

Diese Kreise fordern dich zum Mitmachen auf.

… und hier findest du die Antwort.

Belebte Erde

Die Natur, die uns umgibt, ist eine faszinierende Welt mit unzähligen Lebewesen.

Sonnenblume

Hummel

Das Leben auf der Erde begann

Pflanzen

Von der kleinsten Blume bis zum höchsten Baum gibt es eine enorme Vielfalt an Pflanzen. Wissenschaftler schätzen, dass es etwa 400 000 verschiedene Arten gibt.

Mammutbaum

Blüten

Viele Pflanzen bringen Blüten hervor. Diese werden von Tieren oder vom Wind bestäubt. Aus bestäubten Blüten entstehen Samen, die zu neuen Pflanzen heranwachsen.

Orchidee

Gänseblümchen

Pflanzen stellen den Sauerstoff her, den wir atmen.

Pflanzen können ihre Nährstoffe selbst erzeugen.

Pilze

Obwohl sie aussehen wie Pflanzen, gehören Pilze weder zu den Tieren noch zu den Pflanzen. Sie sind aber Lebewesen.

Champignons und Fliegenpilze sind Pilze.

Zu welcher Tiergruppe gehören die meisten Tierarten?

Tiere

Zum Tierreich gehören Wirbeltiere (Tiere mit einer Wirbelsäule) und Wirbellose.

vor über 2,5 Milliarden Jahren.

Tiere mit Wirbelsäule

Wirbeltiere oder Tiere mit Wirbelsäule werden in fünf Gruppen unterteilt.

Säugetiere atmen Luft. Die meisten leben an Land, manche aber im Wasser.

Vögel haben Federn. Die meisten können fliegen, jedoch nicht alle (z. B. Pinguine).

Reptilien sind kaltblütige Tiere, sie müssen Wärme aus der Umgebung aufnehmen.

Amphibien können an Land und im Wasser leben. Sie sind kaltblütige Tiere.

Fische sind im Süßwasser oder im Meer zu Hause. Sie atmen mit Kiemen.

Anders als Pflanzen müssen Tiere Futter zu sich nehmen, um zu überleben.

Zu den Wirbellosen: Etwa 97 Prozent aller Tierarten sind Wirbellose.

Lebensräume der Erde

Tiere und Pflanzen kommen in ganz unterschiedlichen Lebensräumen vor, vom ewigen Eis der Arktis bis hin zu den tropischen Regenwäldern um den Äquator.

Polargebiete

Die Gebiete um den Nord- und Südpol sind Eiswüsten, aber schon in einiger Entfernung von den Polen leben viele Tiere.

Wälder kühler Regionen

In manchen Teilen der Erde gibt es die Jahreszeiten Frühling, Sommer, Herbst und Winter. Laubwälder wachsen in dieser Umgebung. Sie werfen in der kalten Jahreszeit ihre Blätter ab.

Regenwälder

In vielen Gegenden um den Äquator ist es heiß und feucht. Dort wachsen Regenwälder mit vielen bunten Tieren und Pflanzen.

Grasland

Es gibt etwa 10800 verschiedene Arten von Gräsern. Im weiten Grasland leben Pflanzenfresser, die von Raubtieren wie Löwen gejagt werden.

Wüsten

Ein Siebtel der Landfläche auf der Erde ist Wüste. Auf den ersten Blick erscheint eine Wüste leer und öde, doch Pflanzen und Tiere überleben auf erstaunliche Weise.

Gebirge und Höhlen

Gebirge bedecken fünf Prozent der Landfläche. Die Pflanzen und Tiere müssen mit wenig Sauerstoff auskommen und eisige Kälte und Wind ertragen.

Süßgewässer

Auf der Erde gibt es unzählige Seen, Flüsse und Bäche, die vom Regenwasser gespeist werden. Sie ziehen viele Insekten und andere Tiere und Pflanzen an.

Ozeane

Ein Großteil der Erde besteht aus Ozeanen. Die meisten Tiere und Pflanzen in diesem salzhaltigen Lebensraum findet man im seichten Wasser und in den Korallenriffen.

Ortschaften

Viele Pflanzen und Tiere siedeln in den Städten und Dörfern der Menschen: vom Moos in der Mauerritze bis zur Ratte, die vom Abfall lebt.

Eine Umgebung, in der bestimmte Tiere und Pflanzen vorkommen.

Nord- und Südpol

In den eisigen Polargebieten ist das Überleben schwer. Die Landtiere sind warmblütig. Das heißt, ihre Körpertemperatur ist höher als die der Umgebung und bleibt immer gleich.

Kaltblütige Tiere wie Schlangen und Frösche können es in den Polargebieten nicht aushalten. Sie würden gefrieren.

Die Arktis
Die Arktis ist das Gebiet um den Nordpol. Den größten Teil der Arktis nimmt das Nordpolarmeer ein. Es ist meistens mit mächtigen Eisschollen bedeckt.

Die Antarktis
Der Südpol liegt auf dem antarktischen Kontinent. 89 Prozent der Antarktis sind von Eis bedeckt.

Eisbären leben in der Arktis. Sie sind gute Schwimmer.

Eisbär

Wie oft im Jahr geht am Nordpol die Sonne auf?

Eis schwimmt!

Eisberge sind riesige Brocken aus Eis, die schwimmen. Man sieht meist nur die Spitze eines Eisbergs. Deshalb sind Eisberge für Schiffe sehr gefährlich.

Das Eis besteht aus Süßwasser.

Eisberge verändern sich ständig. Sie schmelzen im Wasser, in dem sie schwimmen.

Land der Mitternachtssonne

In den Polargebieten ist es im Sommer 24 Stunden am Tag hell. Im Winter herrscht dafür ständige Dunkelheit. Das ist so, weil die Erde sich um die Sonne bewegt und ihre Achse schief steht.

70 Prozent des Süßwassers der Erde befinden sich in der Antarktis. Trotzdem ist es dort so trocken wie in der Wüste.

Wissens-Quiz

Sieh nach, ob du im Kapitel Polargebiete die Bilder findest, zu denen diese Ausschnitte gehören.

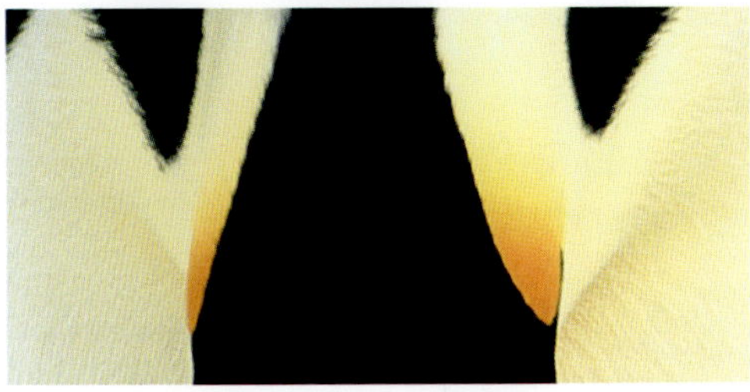

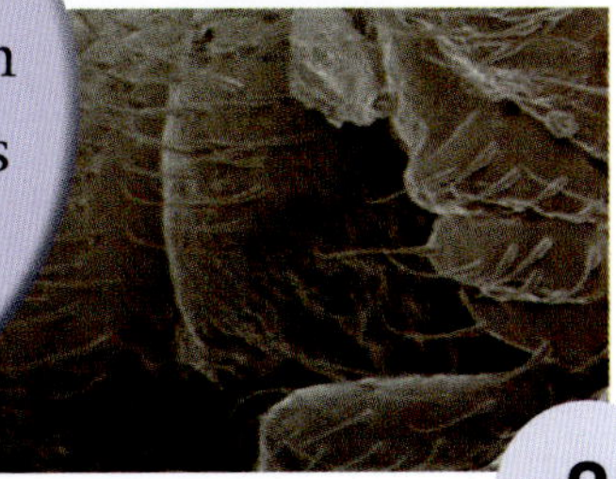

Mehr wissen
über eisige Regionen
14–15 Die Antarktis
110–111 Eismeere

Einmal im Sommer – dann ist es 24 Stunden hell.

Leben im Eis

An Nord- und Südpol ist es oft dunkel. Eisige Winde wehen und es fällt nur wenig Regen. Nur die Kräftigsten überleben.

Warm bleiben

Pinguine kuscheln sich aneinander, um warm zu bleiben. Die Tiere, die außen stehen, sind nicht so gut vor der Kälte geschützt. Deshalb wechseln die Vögel immer wieder die Plätze.

Eisbären haben eine dicke Speckschicht unter der Haut, die die Kälte abhält.

Eisbären

Unter ihrem weißen Fell haben Eisbären eine schwarze Haut.

Riesen an den Polen

Große Tiere kühlen langsamer aus als kleine. Deshalb sind viele der arktischen Tiere groß. Ein Eisbärenmännchen wird 2,5 Meter lang und bis zu 800 Kilo schwer.

Um eisige Stürme zu überstehen, legen sich Moschusochsen einfach hin und verbrauchen so wenig Energie wie möglich.

Moschusochsen ähneln Rindern. Sie sind aber mit den Ziegen verwandt!

Ein zotteliges Fell

Ein Moschusochse sieht aus wie ein kleiner, zotteliger Büffel. Sein Fell ist achtmal so warm wie Schafwolle und die Haare sind so lang wie dein Arm!

Welcher Bär ist der größte der Erde?

Warmes Gefieder

Viele Polartiere haben ein warmes Federkleid. Die Federn der Schneeeule sind so lang, dass sie die Beine und den Schnabel bedecken.

Schnee-eule

Mit ihren scharfen Krallen kann die Schneeeule einen Lemming packen.

Ein edler Pelz

Das prächtige Fell des Polarfuchses bedeckt sogar die Fußsohlen. Es ist im Sommer dunkel und im Winter weiß. Im Sommer hat der Fuchs viel zu tun, denn er sammelt Nahrung für den Winter und versteckt sie.

Pflanzenpolster

Nicht nur Tiere müssen sich warm einpacken – auch Pflanzen. Dieser Steinbrech hat viele kleine überlappende Blätter, die den Stängel völlig bedecken.

Der Gegenblättrige Steinbrech ist eine der ersten Pflanzen, die in der Arktis blühen, wenn der Schnee im Juni schmilzt.

Die Hälfte des Jahres ist es an Nord- und Südpol dunkel, aber viele Tiere überleben.

Mehr wissen

über Überlebensstrategien
26–27 Winter

Unter der Schneedecke

Lemminge überstehen die Kälte, weil sie in Gängen unter dem Schnee leben. Dort nagen sie Pflanzenwurzeln ab. Wenn sie an die Oberfläche kommen, werden sie oft die Beute von Schnee-Eulen.

Der Eisbär.

Arktische Tundra

Die arktische Tundra erwacht im Sommer zum Leben. Dann taut der gefrorene Boden und es entstehen Sümpfe, Tümpel und Wiesen.

Der Seeadler

Im Sommer ziehen die Tümpel und Meeresküsten der Tundra die Vögel an. Der Riesenseeadler ist einer der gefährlichsten Raubvögel.

Der mächtige Riesenseeadler stürzt herab, um sich große Fische aus dem Wasser zu holen.

Pflanzendecke

Die Pflanzen wachsen dicht am Boden.

Flechten sind eine Mischung aus Pilz und Pflanze.

Bärentrauben sind für die Bären im Spätsommer eine wichtige Nahrung.

Felsenblümchen haben gelbe, schüsselförmige Blüten, die das Licht auffangen.

Die Rentierflechte wächst fein verzweigt zwischen den Pflanzen am Boden.

Wollgras ist eine der häufigsten Pflanzen in der Arktis.

Das Winterfell des Schneehasen ist weiß. Im Frühjahr bekommt er sein graubraunes Sommerfell.

Schneehase

Insektenplage

Schwärme von Kriebelmücken und Mücken stürzen sich auf die Rentiere, um ihr Blut zu saugen. Dasselfliegen befallen den Rachen der Tiere.

Schnelle Mahlzeit

Schneehasen verbringen viel Zeit mit der Nahrungssuche. Eine Hasenmutter ist so beschäftigt, dass sie ihre Jungen nur alle 18 Stunden säugt, und das nur zwei Minuten lang.

Gibt es in der Arktis Bäume?

Rentierherden ziehen manchmal 1200 Kilometer weit – zweimal im Jahr.

Rentiere

Diese Hirsche weiden im Sommer Gras und Baumsämlinge ab. Im Winter scharren sie den Schnee weg, um Moos und Flechten zu fressen.

Auf Reisen

Manche Rentierherden machen im Sommer weite Wanderungen, um frische Pflanzen zu finden und ihre Kälber zu bekommen. Im Winter ziehen die Tiere Richtung Süden.

Rentiere sind die einzigen Hirsche, bei denen die Weibchen genau wie die Männchen ein Geweih tragen.

Rentier

Ein männliches Rentier kann 1,5 Meter hoch werden.

In Nordamerika nennt man Rentiere Karibus.

Der Unterboden ist ständig gefroren. Nur Pflanzen mit flachen Wurzeln können in der Tundra wachsen.

Die Haare der Rentiere sind hohl. Die Luft in den Haaren wärmt das Rentier.

Nein, denn die Wurzeln können den gefrorenen Boden nicht durchdringen.

Die Antarktis

Die Antarktis ist der kälteste und trockenste Kontinent der Erde. Es gibt kaum Pflanzen, deshalb sind fast alle Tiere auf Nahrung aus dem Meer angewiesen.

Ohne Eile

Das Eis der Antarktis bewegt sich sehr langsam von der Mitte des Kontinents nach außen. Es dauert etwa 50 000 Jahre, bis eine Schneeflocke vom Südpol das Meer erreicht.

Paradies für Pinguine

Nur Adelie-, Esels-, Zügel- und Kaiserpinguine brüten auf dem antarktischen Kontinent, viele andere Arten aber auf Inseln in der Nähe.

Zu Fuß

Kaiserpinguine ziehen ihre Küken auf dem Land auf. Deshalb müssen sie 80 Kilometer weit zur Meeresküste marschieren, wo sie Fische fangen.

Kaiserpinguin

Ein geduldiger Vater

Das Kaiserpinguin-Männchen kümmert sich um das Ei und das Küken. Das Junge bleibt einige Monate lang auf den Füßen seines Vaters. Wenn es herunterfällt, kann es in zwei Minuten erfrieren.

Wie groß ist der Albatros?

Seehunde der Antarktis

Sechs verschiedene Seehund-Arten kommen um die Antarktis vor. Die Tiere leben in Kolonien. Sie haben nur wenige Feinde.

Krabbenfresser-Robbe

Südlicher Seeelefant

Zähne als Sieb

Krabbenfresser-Robben fressen eigentlich Krill und keine Krabben. Mit ihren Zähnen sieben sie die kleinen Krebstierchen aus dem Wasser.

Schwere Jungs

Die größten Robben der Welt sind die Männchen des Südlichen Seeelefanten. Sie können bis zu sechs Meter lang werden und so schwer wie zwei mittelgroße Autos.

Hochspringer

Springschwänze sind Insekten, die unten am Körper eine Sprunggabel haben. Damit können sie sich in die Luft schleudern. Sie gehören zu den wenigen Landtieren in der Antarktis.

Vergrößerung eines antarktischen Springschwanzes

Antarktische Schmiele

Die Antarktische Schmiele ist eine von zwei Blütenpflanzen-Arten, die in der Antarktis wachsen.

Pinguine wirken an Land tollpatschig.

Kaiserpinguine

Auf dem Weg zum Meer watscheln Pinguine oft in einer Reihe. Manchmal rutschen sie auf ihren Bäuchen und schieben sich dabei mit den Füßen vorwärts.

Einzelkind

Der Wanderalbatros hat die größte Flügelspannweite von allen Vögeln. Manche Paare nisten auf den Inseln um die Antarktis. Sie ziehen nur alle zwei Jahre ein Küken groß.

Er hat eine Flügelspannweite von 2,5 Metern.

Wälder kühler Regionen

Ein Wald ist ein Gebiet, in dem die Bäume dicht stehen. Viele verschiedene Pflanzen und Tiere leben bei den Bäumen.

Maus-wiesel

Nadelwälder findet man in kälteren Regionen und in der Nähe des Äquators hoch im Gebirge.

Wo sind die Wälder?

Wälder in kühlem Klima gibt es vor allem auf der Nordhalbkugel, weit entfernt vom Äquator.

Tiere des Waldes
Wälder sind Rückzugsgebiete für viele Tiere, z.B. dieses Mauswiesel. Es ist so klein, dass es Nagetiere wie Wald- und Wühlmäuse in den Löchern aufspürt und erbeutet.

Blätter und Nadeln

In Wäldern in kühlem Klima wachsen zwei Haupttypen von Bäumen.

Laubbäume haben breite, flache Blätter. Im Winter verlieren sie ihr Laub.

Nadelbäume werfen ihre Nadeln im Winter nicht ab. Man nennt sie immergrüne Bäume.

Fingerhut

Pflanzen des Waldes

Wälder sind schattig, deshalb können viele Pflanzen hier nicht wachsen. Den Fingerhut sieht man manchmal auf Waldlichtungen.

Wissens-Quiz

Findest du im Kapitel Wälder kühler Regionen die Lebewesen, zu denen diese Fotos gehören?

Mehr wissen

über Wälder

18–19 Laubwälder
22–23 Nadelwälder

Ja, aber nicht alle zur selben Zeit.

Laubwälder

Laubwälder brauchen ein gemäßigtes Klima mit unterschiedlichen Jahreszeiten. Im Winter werfen die Bäume die Blätter ab.

Stockwerke

Laubwälder haben zwei oder drei Stockwerke: in den Kronen der Bäume ein Blätterdach, manchmal eine Strauchschicht und eine Schicht aus niedrigen Pflanzen und Frühjahrsblumen.

Moose wachsen meistens an der Nordseite der Waldbäume.

Frühjahrserwachen

Im Winter scheint der Wald zu schlafen, aber im Frühjahr öffnen sich die Knospen und die Farnwedel entrollen sich.

Schlaraffenland

Der Waldboden ist mit abgestorbenen Blättern und Ästen bedeckt. Hier gibt es auch Nüsse und Beeren. Eichhörnchen finden hier immer genug Nahrung.

Das Grauhörnchen sammelt Eicheln und andere Samen und versteckt sie.

Warum haben Eichhörnchen einen buschigen Schwanz?

Nahrungskette

Tiere und Pflanzen sind miteinander verbunden.

Blätter nutzen das Sonnenlicht zur Herstellung von Nährstoffen.

Schmetterlingsraupen und viele andere Insekten fressen Blätter.

Vögel fangen Raupen, vor allem im Frühjahr, wenn sie ihre Jungen füttern müssen.

Füchse jagen Vögel und andere kleine Tiere, um sich zu ernähren.

Ahornblatt

Ein Blatt ist eine Nährstofffabrik. Im Herbst beginnt es zu welken.

Herbstfarben

Im Sommer färbt ein Farbstoff, das Chlorophyll, die Blätter der Laubbäume grün. Im Herbst wird das Chlorophyll abgebaut. Dann werden die Blätter gelb, braun oder rot.

Spechte haben dicke Schädelknochen, damit die Stöße beim Hämmern gedämpft werden.

Specht

Ein Loch hämmern

Spechte hämmern mit dem Schnabel ins Holz, um Larven zu fangen und Nistlöcher zu schaffen. Mit der langen Zunge lecken sie Insekten heraus.

Zu Hause im Baum

Spechte brauchen zwei oder drei Wochen, um eine Nisthöhle – meist in einen abgestorbenen Baumstamm – zu hacken. Das Weibchen legt dann mehrere Eier hinein.

Ein Farnwedel entrollt sich. Seine Fiedern werden entfaltet.

Um beim Springen das Gleichgewicht zu halten.

Der Waldboden

In Laubwäldern wimmelt es auf dem Boden vor Insekten und anderen kleinen Lebewesen. Sie sind kleine Leckerbissen für größere Tiere.

Feinschmecker

Igel haben einen feinen Geruchssinn und schnüffeln nach Leckereien wie Käfern, Raupen, Regenwürmern, Schnecken und Spinnen.

Nützlich

Regenwürmer lockern den Boden auf. Sie nehmen mit dem Mund Erde auf und verdauen sie. Durch ihren Kot wird der Boden fruchtbar.

Igel sind vor allem nachts aktiv, wenn der Boden feucht ist und die Regenwürmer an die Oberfläche kommen.

Samen

Bäume verbreiten ihre Samen auf unterschiedliche Weise.

Ebereschen lassen ihre Beeren von Vögeln fressen und so die Samen verbreiten.

Pappelsamen reifen in Kätzchen. Sie werden vom Wind weggeweht.

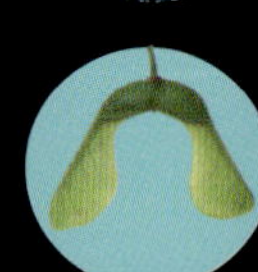

Ahornsamen haben Flügel, durch die sie vom Baum weggetragen werden.

Eicheln werden von Eichhörnchen vergraben. Manche davon keimen.

Wie groß kann ein Hirschkäfer werden?

Schattenpflanzen

Die meisten Pflanzen brauchen viel Sonnenlicht. Manche gedeihen aber auch im Schatten, z.B. die Farne.

Diebe

Einige Pflanzen kommen auch ohne Licht aus. Sie klauen sich ihre Nährstoffe, statt sie selbst zu produzieren. Die Sommerwurz hat Ausläufer, mit denen sie die Wurzeln anderer Pflanzen anzapft.

Salamander atmen durch ihre feuchte Haut. Deshalb dürfen sie nicht austrocknen.

Asseln fressen verfaulende Pflanzen, Pilze – und ihren eigenen Kot!

Sommerwurz

Ein Hirschkäfer legt seine Eier in morsche Baumstümpfe oder Wurzeln. Die Larven fressen das Holz.

Ein Tausendfüßer hat ein stabiles Außenskelett. Manche rollen sich zu einer Kugel zusammen, damit sie geschützt sind.

Hirschkäferlarve

Dasein als Larve

Ein Hirschkäfer verbringt die ersten Jahre seines Lebens als Larve. Der erwachsene Käfer lebt nur wenige Monate.

Leckeres Holz

Käferlarven fressen morsches Holz und hinterlassen dabei Gänge. Singvögel ernähren sich wiederum von den Larven.

Ein Männchen wird bis zu 8,5 Zentimeter lang.

Nadelwälder

Nadelwälder bedecken etwa ein Zehntel des Landes auf der Erde. Im hohen Norden bilden sie einen ausgedehnten Ring um die Tundra und die Polargebiete.

Baumriesen

Mammutbäume können tausende von Jahren alt werden. Ihre Zapfen brauchen 20 Jahre oder länger, um zu reifen.

Kletterkünstler

Dem nordamerikanischen Baumstachelschwein schmecken Kiefernnadeln. Es kann auch sehr gut auf Bäume klettern.

Zapfen-Profi

Die meisten Vögel warten, bis die Zapfen herunterfallen. Der Kreuzschnabel öffnet die Schuppen der Zapfen mit seinen überkreuzten Schnabelspitzen.

Welcher ist der größte Hirsch der Erde?

Nadeln und Zapfen

Nadelbäume haben das ganze Jahr über nadelförmige Blätter. Statt bunter Früchte bekommen sie Zapfen.

Wenn es feucht ist, bleiben die Schuppen der Zapfen geschlossen. Bei Trockenheit öffnen sie sich und die Samen fallen raus.

Vielfraße sehen aus wie kleine Bären, sie gehören aber zu den Mardern.

Wolf

Vielfraß

Wölfe und Vielfraße

Große Raubtiere wie Wölfe und Vielfraße kann man nur selten in freier Natur beobachten. Mit ihrem dicken Fell überleben sie die kalten Winter in den Nadelwäldern.

Kopfschmuck

Elche gehören zu den größten Tieren in den Nadelwäldern. Nur die Männchen haben ein Geweih.

Badespaß

Im Sommer waten Elche gerne in Seen und Teichen. Sie fressen Wasserpflanzen und entkommen so den Schwärmen von Stechmücken, die ihr Blut saugen wollen.

Alle Elche haben einen Kehlsack am Hals.

Der Elch.

Fantastische Waldpilze

Der Pilzkörper ist der sichtbare Teil eines großen unterirdischen Geflechts aus Pilzfäden.

Viele Leute glauben, dass Pilze Pflanzen sind. Aber sie sind weder Pflanzen noch Tiere. Trotzdem sind Pilze Lebewesen, die Nährstoffe brauchen. Viele wachsen in feuchten Wäldern.

Was ist ein Pilz?

Der Großteil des Pilzes wächst als Geflecht von Pilzfäden unter der Erde. Über der Erde bildet das Geflecht Pilzkörper, die Sporen in die Luft abgeben. Daraus entstehen wieder neue Pilze.

Steinpilze

Ringförmig

Pilze bilden oft unter dem Waldboden ein riesiges Geflecht aus Pilzfäden. Auf Lichtungen erscheinen dann am Rand des Geflechts Pilzkörper in einem Ring.

Bovist

Nestpilze

Becherpilze

Baumschwämme

Korallenpilze

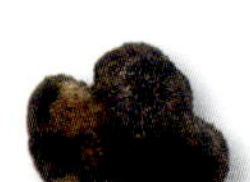

Trüffel

Wie sehen Pilze aus?

Nicht alle Pilze sind wie die Champignons, die du isst. Es gibt viele verschiedene Typen in allen Formen, Größen und Farben.

Vermehrung

Pilze bringen keine Samen hervor. Ihre winzigen Sporen werden vom Wind verbreitet. Daraus entstehen dann neue Pilze.

Wie groß ist der größte Pilz der Erde?

Die Pilzfamilie

Es gibt viele Typen von Pilzen. Manche wirst du mögen, andere weniger.

Penizillin: Antibiotika, die aus Pilzen gewonnen werden, heilen Krankheiten.

Schimmel: Verschimmelte Nahrungsmittel sind von einem Pilz befallen.

Blauschimmelkäse: Dieser leckere Käse besteht aus einem Schimmelpilz.

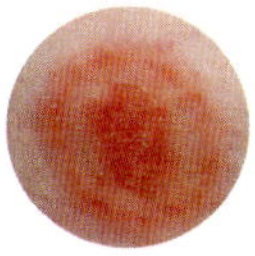

Ringelflechte: Einige Pilze machen uns krank, z.B. die Ringelflechte auf der Haut.

Vorsicht giftig!

Pilze, die sehr giftig sind, haben oft leuchtende Farben. Dadurch werden die Tiere gewarnt und sie fressen die gefährlichen Pilze nicht.

Fliegenpilz

Giftpilze können für Menschen tödlich sein, wenn man sie isst.

Müllabfuhr

Wenn eine Pflanze oder ein Tier stirbt, helfen Pilze bei der Zersetzung. Sie beseitigen verrottende Dinge aus dem Wald.

Pilznahrung

Manche Pilze leben von den Bäumen, auf denen sie wachsen. Sie geben Stoffe ab, durch die die Nahrung außerhalb des Körpers verdaut und dann aufgenommen wird.

Schopf-Tintling

Ohne Pilze würde die Erde bald unter einer meterdicken Schicht aus verrottenden Tieren und Pflanzen begraben sein. Das Leben würde bald erlöschen.

Probier's aus!

Schneide von einem Champignon den Stiel ab. Lege die Kappe auf ein Blatt Papier und bedecke sie mit einer Schüssel. Nach ein paar Tagen haben die Sporen Muster gebildet.

Er wächst auf einem Gebiet so groß wie 1600 Fußballfelder.

Im Winter

Pflanzen und Tiere haben verschiedene Überlebensstrategien entwickelt, um die kalte Jahreszeit zu überstehen.

Rotkehlchen

Winterquartier

Rotkehlchen-Männchen überwintern oft in Mitteleuropa. Doch die Weibchen ziehen manchmal nach Spanien, wo es wärmer ist. Im Frühjahr kommen sie zurück.

Ein neues Kleid

Viele Tiere wechseln im Winter das Fell oder Gefieder. Zur Tarnung wird das Hermelin weiß. So ist es im Schnee kaum zu sehen.

Efeu

Stechpalme

Immergrüne Blätter

Efeu und Stechpalme überleben den Winter, denn ihre Blätter sind mit einer dicken Wachsschicht überzogen. Sie schützt sie vor Kälte und dem Austrocknen.

Das Hermelin hat ein braunweißes Sommerfell und eine schwarze Schwanzspitze.

Hermelin

Mehr wissen

über das Überleben in eisiger Kälte

10–11 Leben im Eis

Während des Winterschlafs schlägt das Mäuseherz nur einmal in der Minute.

Eine Haselmaus hält fünf Monate im Jahr Winterschlaf.

Abwarten

Der Winterschlaf bedeutet nicht nur, dass ein Tier schläft. Auch die Körpertemperatur sinkt und Herzschlag und Atmung werden ganz langsam.

Kennst du Tiere, die einen Winterschlaf halten?

Ab in den Süden!

Vögel halten keinen Winterschlaf. Viele ziehen weg und verbringen den Winter in wärmeren Gegenden.

Manche Schmetterlinge überwintern. Andere verbringen den Winter als Puppe und schlüpfen im Frühjahr.

Schwalbenschwanz

Nadelbäume überstehen Winter, die bis zu acht Monate im Jahr dauern.

Heißes Bad

Eine Gruppe japanischer Rotgesichtsmakaken wärmt sich im Winter in einer natürlichen heißen Quelle. Nur draußen ist es bitterkalt!

Rotgesichtsmakaken nennt man auch Schneeaffen. Die Jungen rollen Schneebälle – nur zum Spaß!

Schön warm

Während der Wintermonate bekommen Rotgesichtsmakaken ein dickeres Fell. Es sind intelligente und gesellige Tiere, die in Gruppen von 20 bis 30 Tieren leben.

Murmeltier und Igel halten einen Winterschlaf.

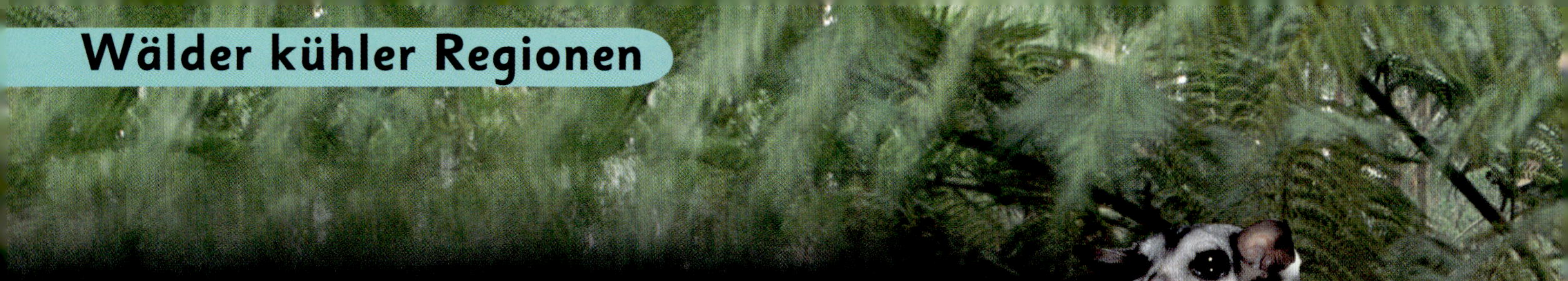

Andere Wälder

Nicht alle immergrünen Bäume haben nadelförmige Blätter und nicht alle Laubbäume werfen ihre Blätter ab.

In ungewöhnlichen Wäldern leben ungewöhnliche Tiere wie der tasmanische Gleitbeutler.

Kurzkopf-Gleitbeutler

Panda

Bambus ist eine immergrüne Pflanze.

Pandas brauchen Bambuswälder zum Überleben.

Bambuswälder

In Teilen Chinas wächst Bambus so hoch wie Bäume, obwohl es ein Gras ist. Bambus ist die am schnellsten wachsende Pflanze der Erde.

Flugunfähig

Viele Vögel in Neuseeland können nicht fliegen. Der Kiwi lebt so ähnlich wie ein Igel. Er läuft auf dem Waldboden umher.

Kiwi

Warum fliegt der Kiwi nicht?

Interessant!

Koalas verbringen den Großteil ihres Lebens in Eukalyptusbäumen. Sie schlafen sogar dort. Jede Nacht fressen sie etwa vier Stunden lang Eukalyptusblätter.

Koala

Baumfarne waren die Nahrung mancher Dinosaurier.

Lieblingsessen

Eukalyptusblätter sind giftig. Ein Tier jedoch kann sie vertragen: der Koala. Besondere Bakterien unterstützen die Verdauung.

Eukalyptus ist ein immergrüner Laubbaum.

Uralt!

Der Baumfarn ist eine immergrüne Pflanze aus der Zeit der Dinosaurier.

Schirme

Araukarien sind mit den Bäumen verwandt, die zur Zeit der Dinosaurier wuchsen. Die immergrünen Laubbäume haben runde Kronen und nach oben weisende Blätter.

Araukarien in Chile

Weil er keine natürlichen Feinde hat.

Sittich

Regenwälder

In tropischen Regenwäldern ist es heiß, feucht und schattig. Hier leben viele verschiedene Pflanzen und Tiere.

Ganz schön feucht!
Oft fällt im Regenwald warmer Regen. Die Bäume nehmen viel Wasser auf. Ihre Blätter geben wieder Dampf ab, der die Luft befeuchtet.

Königin-Alexandra-Vogelfalter (Weibchen)

Vielfältig

Regenwälder bedecken sieben Prozent der Landfläche. Über die Hälfte aller Arten lebt hier.

Käfer: In einem kleinen Regenwaldgebiet fand ein Forscher 18 000 Käferarten.

Bäume: Auf einem Gebiet der Größe eines Fußballfeldes wachsen 300 Bäume.

Orchideen: Im Regenwald werden immer noch neue Orchideenarten entdeckt.

Vögel: Allein im Amazonas-Regenwald kommt ein Drittel aller Vogelarten vor.

Orang-Utan

Frauenschuh-Orchidee

Wo leben die meisten Tiere des Regenwaldes?

Stockwerke

Einen Regenwald kann man mit einem Hochhaus vergleichen, in dem in verschiedenen Stockwerken unterschiedliche Bewohner leben.

Nebelwald

In Gebirgsregionen können Regenwälder so hoch liegen, dass sie in Wolken eingehüllt sind. In der feuchten Umgebung wachsen die Pflanzen kräftig.

Wissens-Quiz

Wo sind im Kapitel Regenwälder die Bilder, zu denen diese Ausschnitte gehören?

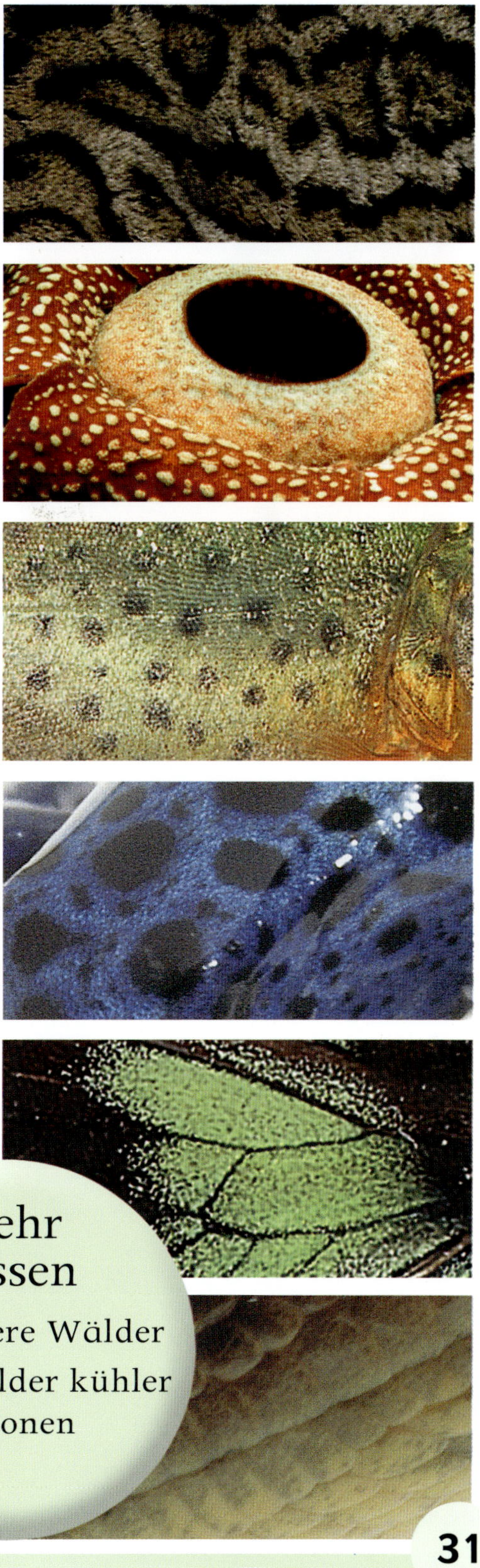

Mehr wissen

über andere Wälder

16–17 Wälder kühler Regionen

Im Blätterdach.

Lianen sind Kletterpflanzen, die sich durchs Blätterdach schlingen.

In den Baumwipfeln

In den Wipfeln des Regenwaldes spielt sich ein großer Teil des Lebens ab. Dort ist es sonnig und es weht ein frischer Wind.

Passionsblume

Ganz oben

Viele Regenwaldpflanzen machen sich gegenseitig das Licht streitig. Einige wachsen in den Wipfeln der Bäume.

Flamingoblume

Auf diesem Ast wachsen viele Aufsitzerpflanzen.

Ohne Rücksicht

Pflanzen, die an Bäumen wachsen, nennt man Aufsitzerpflanzen. Manchmal werden sie so schwer, dass die Äste unter ihrem Gewicht abbrechen.

Bromelien bieten kleinen Tieren einen Lebensraum.

Grüner Gast

Bromelien gehören zu den Aufsitzerpflanzen. Die Blätter bilden einen Trichter, der Regenwasser auffängt. Mit den Wurzeln verankert sich die Bromelie nur auf ihrem Wirtsbaum, sie zapft ihm keine Nährstoffe ab.

Gibt es im Blätterdach viele Blüten?

Siamangs sind die größten Gibbons. Viele Gibbons leben in den Bäumen.

Siamang

Fortbewegung

Es gibt für die Tiere verschiedene Arten, sich von Wipfel zu Wipfel zu bewegen.

Gibbons hangeln sich von Ast zu Ast. Mit ihren Händen halten sie sich fest.

Andere Affen verwenden den Schwanz wie einen zusätzlichen Arm.

Lemuren springen zwischen den Bäumen und balancieren mit ihren langen Schwänzen.

Vögel flattern umher und wenn Gefahr droht, heben sie ab.

Der Faltengecko gleitet durch die Luft und spreizt dabei seine Schwimmhäute.

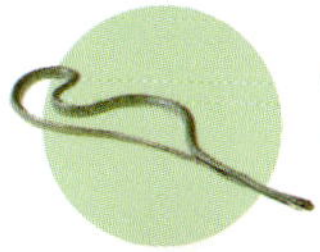

Schmuckbaumnattern bilden beim Gleiten eine S-Form.

Baumkängurus umfassen mit ihren langen Krallen die Äste.

Orang-Utans schwingen sich an Lianen umher oder biegen kleine Bäume um.

Arassaris fressen mehr als 100 verschiedene Früchte, wenn sie sie finden.

Nussknacker

Im Blätterdach gibt es das ganze Jahr über viele Früchte und Nüsse. Die Vögel und Säugetiere im Regenwald wissen, wie man sie erntet.

Braunohr-Arassari

Klein und schlau

Das Zwergseidenäffchen ist der kleinste Affe der Welt. Es lebt in den Wipfeln des Amazonas-Regenwaldes und sucht dort nach Früchten und Insekten.

Lehm

Raffiniert

Viele Samen der Regenwaldpflanzen sind giftig. Deshalb fressen Aras Lehm, bevor sie die Samen zu sich nehmen. Denn ein Mineral im Lehm nimmt das Gift auf.

Ja. Manche Pflanzen blühen sechsmal im Jahr.

Im Schatten

In den unteren Stockwerken und am Waldboden ist es dunkler und feuchter als in den Baumkronen. Die Luft steht still und es dringt kaum direktes Sonnenlicht durch. Hierher kommen Tiere, die Feuchtigkeit mögen.

Palmendieb

Krebse in den Bäumen

Auf einigen Inseln mit Regenwald klettern Palmendiebe auf Bäume und krabbeln über den Waldboden. Sie suchen nach toten Tieren, die sie fressen.

Durchsichtige Schmetterlinge

Glasflügelfalter sind zarte Schmetterlinge, die im dämmrigen Unterholz leben.

Glasflügelfalter

Rafflesia

Was für ein Gestank!

Die Rafflesia auf Sumatra ist die Pflanze mit der größten Blüte auf der ganzen Welt. Die Blüte sieht allerdings eher wie ein Pilz aus. Ihr Aasgeruch zieht Insekten an, die sie bestäuben. Die Blüte blüht nur eine Woche lang.

Wie groß wird die Rafflesia?

Würger

Die Boa hat keine Giftzähne. Sie würgt ihre Beute, bis diese erstickt.

Diese Boa frisst eine Ratte.

Vorsichtig

Gorillas durchstreifen tagsüber in Gruppen die Regenwälder Afrikas. Die scheuen Tiere verbringen die meiste Zeit am Waldboden.

Das Chamäleon kann seine Augen in verschiedene Richtungen bewegen.

Chamäleon

Klebstoff-Jäger

Chamäleons haben eine sehr lange Zunge. Die Opfer kleben daran fest.

Feines aus dem Wald

Viele Nahrungsmittel und Gewürze stammen von Regenwaldpflanzen.

Schokolade wird aus den Samen des südamerikanischen Kakaostrauches hergestellt.

Vanille-Eis bekommt seinen Geschmack von den Samenschoten einer kletternden Orchidee.

Ingwerplätzchen werden mit den Wurzeln einer Pflanze aus Südostasien gewürzt.

Mörderisch

Die Würgefeige beginnt ihr Leben als Aufsitzerpflanze auf einem hohen Baum. Später umwachsen die Wurzeln den Stamm des Wirtsbaumes, bis dieser abstirbt.

Nach dem Absterben des Wirtsbaumes bleiben die Wurzeln der Würgefeige als hohles Gerüst stehen.

Eine Würgefeige umwächst einen Baumstamm.

Die Blüte der Rafflesia kann bis einen Meter Durchmesser haben.

Irre Frösche

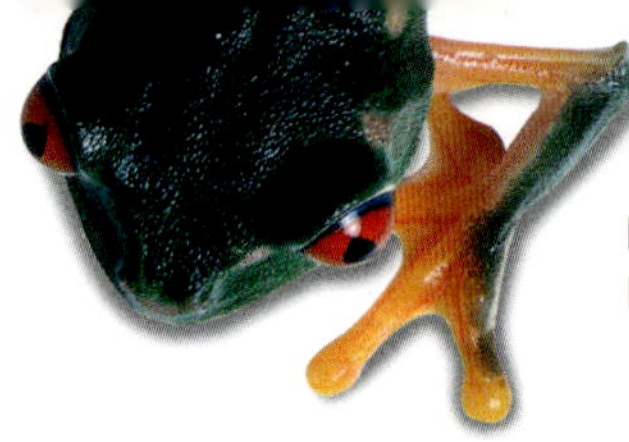

Rotaugen-Laubfrosch

Rotaugen-Laubfrosch

Warme, feuchte Regenwälder sind für Frösche und Kröten ein idealer Lebensraum. Es gibt eine fast unendliche Vielfalt.

Frösche haben an den vorderen Gliedmaßen vier Finger und an den Hinterbeinen fünf Zehen.

Rotaugen-Laubfrosch

Klebrige Finger

Baumfrösche haben verdickte Fingerspitzen mit klebrigen Saugnäpfen. Damit halten sie sich an Blättern fest.

Sprung in Sicherheit

Bei Baumfröschen sind die Hinterbeine viel länger als die Vorderbeine. Sie können wegspringen, wenn Gefahr droht – oder wenn sie eine leckere Fliege fangen wollen.

Akrobat

Dieser Flugfrosch hat riesige Füße mit Schwimmhäuten. Sie funktionieren wie ein Gleitschirm, wenn der Frosch in die Luft springt. Ein Frosch kann bis zu 15 Meter weit „fliegen“!

Gut versteckt

Viele Regenwaldtiere fressen gerne Frösche und Kröten, die sich deshalb schützen müssen. Tarnung ist eine gute Möglichkeit.

Der asiatische Zipfelfrosch verschwindet fast zwischen den welken Blättern.

Goliathfrosch

Der größte Frosch der Welt ist der Goliathfrosch, der so groß wie eine Katze werden kann. Er lebt in den Regenwäldern Westafrikas.

Glasfrosch

Froschbabys

Manche Regenwaldfrösche schützen ihre Jungen auf ungewöhnliche Art vor Feinden. Diese Amphibien schlüpfen nicht einfach als Kaulquappen.

Magenbrütende Frösche schlucken die Kaulquappen und spucken die Frösche aus.

Antillen-Pfeiffrösche entwickeln sich in ihren Eiern, die an Blättern kleben.

Wabenkrötenweibchen tragen die Eier am Rücken unter ihrer Haut.

Durchsichtige Haut

Glasfrösche sind fast durchsichtig. So können sie gut mit ihrer Umgebung verschmelzen. Diese ungewöhnlichen Frösche leben auf Bäumen, deren Äste übers Wasser hängen.

Pfeilgiftfrösche

Bunte Frösche warnen ihre Feinde durch ihr Muster. Einige von ihnen sind extrem giftig.

Grüner Pfeilgiftfrosch

Gelbgebänderter Baumsteiger

Blauer Pfeilgiftfrosch

Pfeilgiftfrösche fressen giftige Insekten und speichern das Gift in ihrer Haut.

Pfeilgiftfrosch

Mehr wissen

über die Entwicklung von Kaulquappen

90 Leben im Teich

Es gibt keinen. Kröten haben aber meist eine warzige Haut.

Gottesanbeterin

Das Opfer ist gefangen, bevor es reagieren kann.

Um Beute beten

Die Gottesanbeterin lauert auf ihre Beute. Sie verharrt bewegungslos und schnellt dann vor, um ihr Opfer zu packen.

Krabbeltiere

In Regenwäldern leben die meisten Insekten und Spinnen der Welt: darunter auch die größten, tödlichsten und merkwürdigsten.

Ameisen als Gärtner

Blattschneiderameisen tragen Blätter ins Nest. Sie züchten darauf einen Pilz, den sie fressen.

Blattschneiderameisen bilden Straßen,

Blattschneiderameisen

Gespenst

Schmetterlinge sieht man im Regenwald häufig. Deshalb findet man hier auch viele Schmetterlingsraupen, gefräßige kleine Tierchen.

Giraffenhalskäfer

Giraffenhals

Dieser Rüsselkäfer hat einen außerordentlich langen Hals. Er kann ihn knicken, um unter Blätter zu schauen.

Wie viele Insektenarten gibt es?

Fliegende Edelsteine

Mit seinem schillernden Muster findet dieser Schmetterling im Regenwald leichter einen Partner. Vielleicht verwirrt die schillernde Färbung auch Vögel, die ihn fressen wollen.

Dieser Morphofalter hat eine Flügelspannweite von etwa zehn Zentimetern.

Morphofalter

um Blätter zum Nest zu tragen.

Rekordhalter

Viele der Insekten und Spinnen im Regenwald halten einen Weltrekord.

Afrikanische Goliathkäfer sind die schwersten Insekten. Sie wiegen bis zu 100 Gramm.

Die brasilianische Riesenvogelspinne ist die größte Spinne der Erde.

Die Riesen-Stabheuschrecke in Malaysia kann bis zu 55 Zentimeter lang werden.

Der Schnellkäfer erzeugt das hellste Licht von allen Insekten – es reicht zum Lesen!

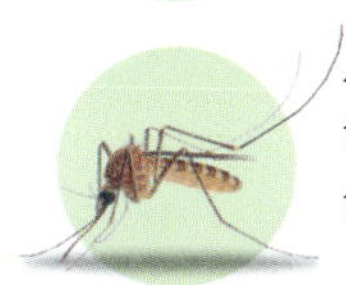

Anopheles-Mücken als tödlichste Insekten verbreiten die Krankheit Malaria.

Königin-Alexandra-Vogelfalter haben mit 28 Zentimetern eine riesige Spannweite.

Schmackhafte Tränen

Schmetterlinge trinken Nektar von Blüten. Nektar enthält aber wenig Salz und Mineralstoffe. Diese Schmetterlinge holen sich die fehlenden Stoffe an den Augen und Nasenlöchern der Schildkröte.

Verkleidet

Manche Insekten entgehen Gefahren, indem sie sich als Blätter oder Äste tarnen.

Mit den Dornen an Kopf und Körper sieht diese Larve aus wie eine dornige Pflanze.

Stabheuschreckenlarve

Mehr als eine Million Arten wurden bisher erforscht.

Nachtleben

Wer sich nachts im Regenwald aufhält, wird bald merken, dass der Wald nie schläft.

Fledermausblüten

Langzungen-Fledermaus

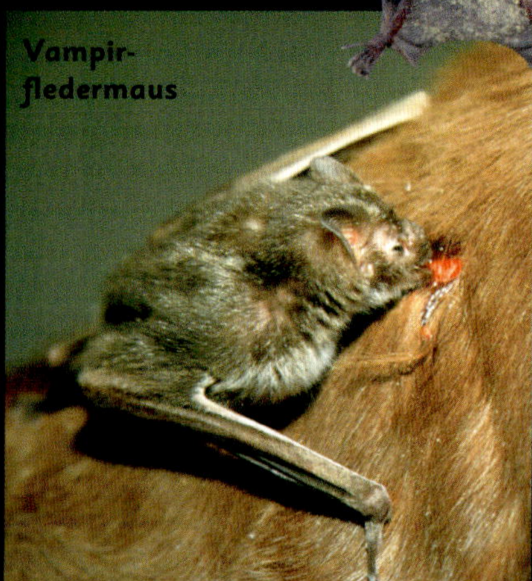

Blutsauger

Der Speichel einer Vampirfledermaus enthält ein Betäubungsmittel. So merkt das Opfer nicht, wenn die Fledermaus sein Blut leckt.

Nachtblüten

Manche Blüten wie die des Seidenwollbaumes werden von Fledermäusen bestäubt. Deshalb öffnen sie sich nur in der Nacht.

Seidenwollbaum

Wenn eine Blüte wie eine Bürste aussieht, wird sie vielleicht von Fledermäusen bestäubt!

Atlasspinner

Der Atlasspinner ist der größte Falter der Welt.

Riesige Falter

Nachts ist der Wald voller Falter, die auf der Suche nach Blüten oder Partnern umherflattern. Dabei benutzen sie ihren unglaublich feinen Geruchssinn.

Brahma-spinner

Urania-falter

Ein geisterhaftes Licht lockt Insekten an.

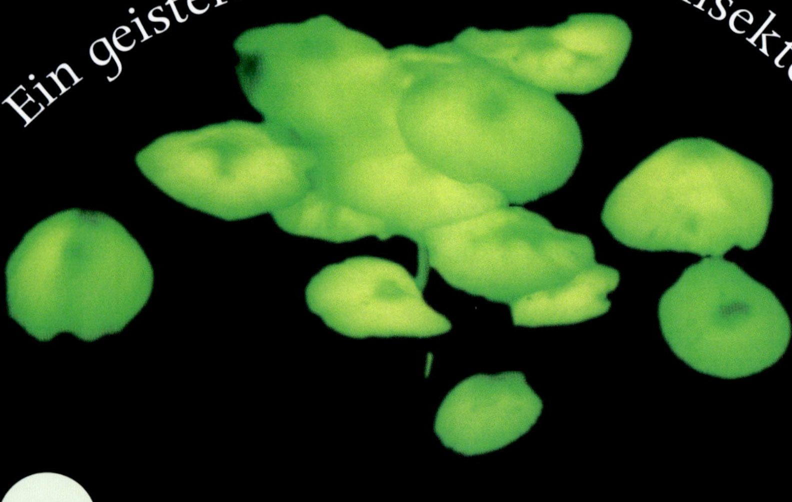

Elfen-Laternen?

Diese merkwürdig glimmenden Lichter am Waldboden sind leuchtende Pilze.

Warum fliegen Nachtfalter ins Licht von Lampen und Laternen?

Im Dunkeln sehen

Buschbabys haben riesige Augen, um nachts besser sehen zu können. Die Augen sind so empfindlich, dass die Tiere helles Licht meiden.

Buschbaby

Greifschwanz-Lanzenotter

Wendige Schlange

Schlangen können in völliger Dunkelheit jagen. Sie erspüren mit der Zunge den Geruch der Beute. Die Lanzenotter hat auch Gruben am Kopf, um die Körperwärme der Opfer wahrzunehmen.

Auf der Lauer

Viele Regenwaldtiere sind nachtaktiv. Das heißt, dass sie in der Dunkelheit jagen.

Ozelot

Ein Ozelot bewegt sich mit gesenktem Kopf. So kann er die Witterung seiner Beute aufnehmen.

Probier's aus!
Baue eine Nachtfalter-Falle. Stelle über Nacht eine brennende Taschenlampe und leere Eierschachteln in einen offenen Karton. Am Morgen verstecken sich vielleicht Nachtfalter unter den Eierschachteln.

Sie verwechseln es mit Sternen und glauben, nach oben zu fliegen.

Regenwaldflüsse

Regenwaldflüsse sind häufig trüb, denn der Regen spült viel Schlamm ins Wasser. Trotzdem sind hier viele Tiere zu Hause.

Durch den Dschungel
Flüsse schlängeln sich durch den Regenwald und transportieren überschüssiges Regenwasser zum Meer.

Amazonas-Flussdelfin

Neugierig
Der Amazonas-Flussdelfin hat einen sehr beweglichen Hals. So kann er Baumwurzeln besser umschwimmen.

Rote Piranhas

Gefährliche Fische
Ein Schwarm Roter Piranhas kann ein Tier in wenigen Sekunden bis auf die Knochen auffressen. Mit den scharfen Zähnen reißen die Raubfische kleine Fleischstücke ab.

Neunbinden-Gürteltier

Sind alle Piranhas gefährlich?

Welse

Es gibt eine Menge verschiedener Wels-Arten. Viele Süßwasserfische sind Welse oder mit ihnen verwandt. Dieser hier wird 60 Zentimeter lang.

Tiger-Spatelwels

Leichter Flitzer

Der Helmbasilisk kann übers Wasser laufen. Wenn die Tiere älter und schwerer werden, schaffen sie nur noch kürzere Strecken.

Anakondas erwürgen ihre Beute.

Grüne Anakonda

Riese im Fluss

Die schwerste Schlange der Welt ist die Grüne Anakonda. Sie kann sogar Hirsche und Kaimane töten.

Imbiss mit Schale

Der Riesenotter wird bis zu zwei Meter lang und ist der größte Otter der Welt. Gerne schlagen die Tiere mit Steinen Muschelschalen auf.

Tauchkünstler

Das Neunbinden-Gürteltier läuft unter dem Wasser. Es hält die Luft an, wenn es einen schmalen Fluss durchquert. Sein Panzer ist eine Abwehr gegen Feinde.

Das Gürteltier hat neun gepanzerte Bänder zwischen Schultern und Rumpf.

Nein. Die meisten Piranha-Arten sind harmlos.

Dschungel in Asien

Die Regenwälder Südostasiens bedecken mehrere Inseln. Dort leben einige Tiere, die nirgendwo sonst vorkommen.

Kannenpflanze

Immer hungrig

In Kannenpflanzen befindet sich eine klebrige Flüssigkeit. Insekten fallen in die Kanne und ertrinken.

Selten

Das Sumatra-Nashorn gehört zu einer der seltensten Arten – es gibt nur etwa 300 Tiere. Es ist auch das kleinste und trotz seiner wenigen Haare das am meisten behaarte Nashorn.

Waldbewohner

Orang-Utans sind mit Menschen und Schimpansen nahe verwandt. Sie sind genauso intelligent wie Schimpansen. Die meiste Zeit verbringen die Affen in Bäumen, wo sie in Nestern auch schlafen.

Gut gerüstet

Das Schuppentier geht nachts auf die Jagd. Die Schuppen bilden einen beweglichen Panzer.

Malaiisches Schupppentier

Nebelparder

Der Nebelparder ist eine der wenigen Katzen, die mit dem Kopf voran einen Baum hinabklettern kann.

Hat ein Schuppentier Zähne?

Die Flügel dieses Schmetterlings sind geformt wie Vogelflügel.

Vogelflügler aus Malaysia

Der Koboldmaki klammert sich an Baumstämme, wenn er Beute jagt.

Bunte Versammlung

Die Flügelspannweite dieses auffälligen Schmetterlings ist so groß, wie deine Hand lang ist. Die Tiere sammeln sich oft in Gruppen an Pfützen, um zu trinken.

Immer wachsam

Der Koboldmaki bewegt seine Augen nicht wie wir. Wenn er sich umschaut, dreht er seinen Kopf um 180 Grad ganz nach hinten.

Zur Beute des Nebelparders gehören Affen, junge Wildschweine, Vögel und Hirsche.

Nebelparder

Koboldmaki

Interessant!

Jedes Auge des Koboldmakis ist so groß, dass es schwerer ist als das Gehirn des Tieres. Mit so großen Augen kann er nachts hervorragend sehen.

Nein, es fängt mit seiner langen Zunge Ameisen und Termiten.

Grasland

Im Grasland leben riesige Tierherden. Das sind Gegenden, wo mehr Regen fällt als in der Wüste, aber nicht genug für viele Bäume.

Wo ist Grasland?

Grasland bedeckt riesige Landflächen. Diese Gebiete haben unterschiedliche Namen, je nachdem, wo sie sich befinden.

Löwen

Viele Tiere im Grasland ernähren sich von Pflanzen. Sie selbst sind ein gefundenes Fressen für Räuber wie eines der gefählichsten Landtiere der Welt: den Löwen.

Weide-Marathon

Zebras sind fast den ganzen Tag damit beschäftigt, Gras zu fressen. Nur so können sie genügend Nährstoffe aufnehmen.

Savanne

Grasland mit einzelnen Bäumen nennt man Savanne. In heißen Regionen der Erde gibt es riesige Savannen.

Wann bricht im Grasland ein Feuer aus?

Giraffen sehen auf den ersten Blick alle gleich aus. Ihr Muster ist jedoch unterschiedlich, je nachdem, wo sie leben.

Gefahren

Bei plötzlichem Wetterumschwung oder Ausbruch von Feuer kann es im Grasland gefährlich werden.

Sonne: Manche Gebiete sind die meiste Zeit des Jahres heiß und sehr trocken.

Feuer sind ein natürlicher und wichtiger Teil des Lebens im Grasland.

Wind streicht über das Land, da er nicht von Bäumen gebremst wird.

Tornados sind in den Prärien in Nordamerika häufig.

Bäume fressen

Giraffen leben in der afrikanischen Savanne in Gebieten, wo sie die Blätter von Akazien und anderen Bäumen fressen können.

Wissens-Quiz

Sieh nach, ob du im Kapitel Grasland die Bilder entdeckst, von denen diese Ausschnitte stammen.

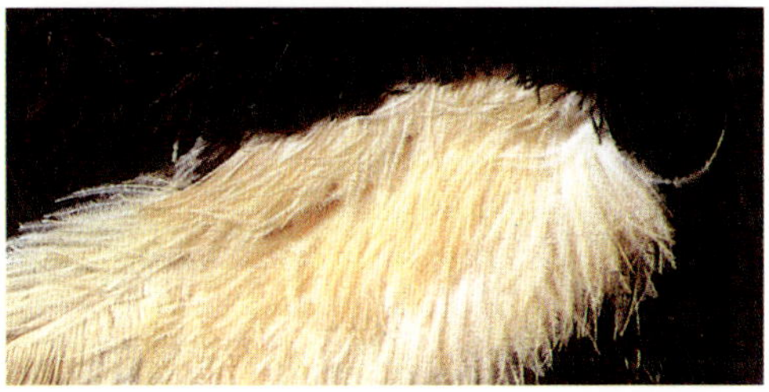

Mehr wissen

über Leben im Grasland

50–51 Weidende Tiere

Zum Beispiel wenn ein Blitz einschlägt oder wenn Menschen Pflanzenreste verbrennen.

Ein Meer aus Gras

Die meisten Pflanzen wachsen an der Spitze. Gräser aber wachsen von unten her. So kann Gras nachwachsen, wenn es abgeweidet oder niedergetreten wird.

Gras erholt sich, wenn es von Huftieren niedergetrampelt wird.

Gras verbreitet seine Samen.

Vom Wind verweht

Der Wind verbreitet die Pollen von Gräsern. Das ist der Blütenstaub, der von männlichen zu weiblichen Pflanzen transportiert wird. Auch die Samen verstreut der Wind.

Im Sommer bekommen manche Menschen Heuschnupfen von den Pollen der Gräser.

Kreislauf des Lebens

Während der Trockenzeiten ist das Gras strohfarben und stirbt ab. In der Regenzeit erwacht es wieder zum Leben.

Wie alt werden die Affenbrotbäume in Afrika?

Nahrungsmittel

Gras bietet nicht nur Tieren Nahrung, sondern auch uns Menschen. Die meisten Grundnahrungsmittel stammen von Gräsern.

Zucker wird aus Zuckerrohr gewonnen, einem riesigen tropischen Gras.

Mais wird zu ganz verschiedenen Nahrungsmitteln verarbeitet, z. B. zu Tortillas.

Weizen wird zu Mehl für Brot, Kuchen und Nudeln gemahlen.

Reis ist in Asien das Grundnahrungsmittel – wird aber auch auf der ganzen Welt gegessen.

Roggen wird mit Weizen vermischt. Aus dem dunklen Mehl wird Brot gebacken.

Lupinen

Frühlingsblumen

Tropisches Grasland blüht zur Regenzeit, das Grasland in nördlichen Regionen im Frühjahr. Oft entsteht dann ein Meer aus bunten Blüten.

Kletten

Angriff der Gräser

Wenn du durchs Gras läufst, bleiben meistens Samen an den Kleidern hängen. Das sind Kletten, die sich mit winzigen Häkchen festheften.

Akazienbaum

Bäume im Grasland haben oft flache Kronen, weil sie von Tieren abgefressen wurden.

Giraffe

Affenbrotbäume

In Afrika überleben Affenbrotbäume Hitze und Trockenheit, weil sie in ihren dicken Stämmen Wasser speichern können.

Manche von ihnen sind schon 3000 Jahre alt.

Weidende Tiere

Im Grasland leben die größten Herden. Auch die größten und schnellsten Landtiere und Vögel der Erde kommen hier vor.

Springböcke

Gras weiden

Riesige Herden fressen das Gras. Weil Gras schwer zu verdauen ist, haben die Tiere Bakterien im Magen, die ihnen bei der Verdauung helfen.

Helles Nashorn

Was ist der Unterschied zwischen einem Breitmaul- und einem Spitzmaul-Nashorn? Breitmaul-Nashörner sind Grasfresser mit breiten, flachen Lippen.

Breitmaul-Nashorn

Nur die zartesten Gräser

Gnus bevorzugen junge, zarte Gräser. Sie sind Wiederkäuer mit einem vierkammerigen Magen. Dort bleibt die Nahrung, bis sie hochgewürgt und ein zweites Mal gekaut wird.

Gnus sind Antilopen.

Gnu

Strauße werden 2,8 Meter hoch.

Emus werden bis zu 1,9 Meter hoch.

Nandus können 1,5 Meter hoch werden.

Große Vögel

Im Grasland leben die größten Vögel der Erde: Strauße in Afrika, Emus in Australien und Nandus in Südamerika. Keiner von ihnen kann fliegen. Der Strauß ist der größte von ihnen.

Wie nennt man Tiere, die kein Fleisch fressen?

Webervogel

Gewebte Nester

Gras ist nicht nur Nahrung, man kann es auch als Baumaterial verwenden. Der Webervogel flicht Grashalme und dornige Blätter zu einem kunstvollen Nest.

Nest eines Webervogels

Das Nest hat einen trompetenförmigen Eingang.

Giraffen-Gazelle

Mehr wissen über Räuber
52–53 Jäger und Aasfresser

An Bäumen weiden

Einige Tiere weiden nicht Gras, sondern Blätter von Büschen und Bäumen. Die Giraffen-Gazelle kann dabei auf den Hinterbeinen stehen.

Spitzmaul-Nashorn

Dunkles Nashorn

Spitzmaul-Nashörner fressen Blätter von Bäumen. Sie haben spitze Lippen, mit denen sie das Laub von den Zweigen pflücken.

Afrikanischer Elefant

Unglaublich stark

Auch Elefanten fressen Blätter von Bäumen. Mit dem langen Rüssel kommen sie höher als Giraffen. Manchmal stoßen sie den Baum einfach um.

Geschwindigkeit

Im Grasland gibt es kaum Verstecke. Deshalb müssen die Tiere schnell und ausdauernd sein.

Springböcke hüpfen in großen Sätzen, um Raubtieren zu entkommen.

Gabelböcke sind bis zu 65 km/h schnell und können das eine Weile durchhalten.

Zebras sind auch 65 km/h schnell und entkommen den meisten Raubtieren.

Gnus sind groß, aber wenn es sein muss, laufen sie 80 km/h schnell.

Thomson-Gazellen machen beim Laufen hohe und weite Sprünge.

Strauße können 70 km/h schnell werden und das etwa 30 Minuten durchhalten.

Pflanzenfresser.

Jäger und Aasfresser

Jede Menge Räuber sind im Grasland unterwegs auf der Suche nach Nahrung. Manche jagen, andere fressen Aas. So beseitigen sie die toten Tiere.

Im Team

Löwinnen jagen im Rudel. So erlegen sie Beutetiere bis zur Größe von Büffeln und Giraffen.

Leopard

Die Beute verstecken

Raubtiere jagen sich gegenseitig die Beute ab. Deshalb schleppt der Leopard sein Opfer auf einen Baum. Dort oben kann er ungestört fressen.

Rekord

Der Gepard ist das schnellste Landtier der Erde. Bei der Jagd kann er bis zu 100 km/h schnell sprinten.

Vom Aussterben bedroht

Eines der seltensten Säugetiere Nordamerikas ist der Schwarzfußiltis. Er jagt Präriehunde, die er aus ihren Bauen scheucht. Leider sind die Schwarzfußiltisse fast ausgestorben.

Geparden

Schwarzfußiltis

Sind Hyänen näher mit Katzen oder mit Hunden verwandt?

Tüpfelhyäne

Knochen brechen

Hyänen können bei einer Mahlzeit ein Drittel ihres Körpergewichts aufnehmen. Mit den kräftigen Kiefern knacken sie auch Knochen. Ihr Magen kann Knochen und Fell verdauen. Deshalb ist nach der Mahlzeit kaum etwas übrig.

Guter Schauspieler

Sicherlich will keiner dieses tote, stinkende Opossum fressen. Reingelegt – es stellt sich tot und gibt einen Verwesungsgeruch ab, um den Eindruck zu verstärken.

Das Virginia-Opossum kann bis zu sechs Stunden lang still liegen, bis es sich wieder sicher fühlt.

Virginia-Opossum

Sein kahler Kopf bleibt sauber, wenn der Geier Fleisch aus einem toten Tier pickt.

Geier

Aasfresser

Geier sind Aasfresser. Das Fleisch, das sie fressen, muss nicht frisch sein.

Ihre nächsten Verwandten sind die Katzen.

Unter der Erde

Die Tiere, die du hier siehst, leben auf verschiedenen Kontinenten und treffen sich in Wirklichkeit nie. Alle halten sich aber in Bauen unter der Erde auf.

Seltener Anblick

Das afrikanische Erdferkel kann unglaublich schnell graben. In nur fünf Minuten verschwindet es unter der Erde.

Meister der Gänge

In Australien kann ein einziger Wombat Gänge graben, die insgesamt 20 Meter lang sind. Nachts kommt er heraus und knabbert Gras und Wurzeln.

Kaninchen verbringen sehr viel Zeit mit Fressen. Sie bleiben jedoch immer in der Nähe ihres Baus.

Die Bauern ärgern

Kaninchen können im Ackerland Schaden anrichten. Sie fressen die Ernte und graben ausgedehnte Baue.

Tolle Architekten

Amerikanische Schwarzschwanz-Präriehunde graben lange Gänge. Nachbarn bauen nebenan und so wird aus den Gängen bald eine „Stadt“.

Mini-Tiere

Die Tiere, die das meiste Gras fressen, sind nicht die großen Pflanzenfresser, sondern winzige Insekten.

Ameisen verbreiten oft Samen. Diese Insekten kommen auf der ganzen Erde vor.

Termiten zerkleinern Pflanzen und tragen die Stückchen in ihre Nester.

Grillen sind Räuber, fressen aber auch Gras. Sie springen von Stängel zu Stängel.

Heuschrecken sind Pflanzenfresser. Wie Grillen haben sie lange Hinterbeine.

Schmetterlingsraupen müssen sehr viel fressen, um zu überleben.

Jetzt gehört das Loch mir!

In alte Präriehund-Löcher ziehen manchmal kleine Kanincheneulen ein. Oft warten sie vor dem Bau auf Beute.

Gesellig

In Afrika verlässt die Zebramanguste den Bau und sucht nach Termiten oder Vogeleiern. Zebramangusten leben in Gemeinschaften von 15 bis 20 Tieren.

Grabende Schlange

Mit ihrem spitzen Kopf schiebt sich die amerikanische Kiefernnatter durch weiche Erde. Aber wenn es möglich ist, zieht sie in den Bau eines anderen Tieres ein.

Raffiniert

Damit sie beim Graben keine Erde in den Mund bekommen, können Taschenratten ihre Lippen über den Vorderzähnen schließen. In den Backentaschen hamstern sie Nahrung.

Nein. Erdferkel bilden eine eigene Tiergruppe.

Termitennester

Im Grasland leben Milliarden von Termiten. Die Tiere bilden riesige Kolonien und bauen erstaunliche Nester.

Sehr fleißig
König und Königin beginnen mit dem Nestbau. Die Arbeiter wissen von selbst, was zu tun ist.

Blick ins Innere

Ein Termitenhügel besteht aus vielen Gängen und Kammern. Wie die Räume in einem Haus hat jede Kammer einen bestimmten Zweck.

Kühlung
Manche Termiten bauen Schornsteine in ihre Hügel ein. Sie funktionieren wie eine Klimaanlage.

Was ist im Keller?
Ganz unten im Termitenhügel ist es feucht, genau wie bei dir im Keller. Wenn die Termiten ausatmen, entsteht Feuchtigkeit. So wird der Hügel gekühlt.

Wie viele Eier legt eine afrikanische Termitenkönigin im Lauf ihres Lebens?

Bewohner

Im Staat wohnen vier Arten von Termiten: die Soldaten, die Arbeiter, der König und die Königin.

Soldaten

König und Königin bleiben ein Leben lang zusammen.

Viel zu tun

Eine Termitenkönigin kann 50 Jahre alt werden und ist ausgewachsen so groß wie dein kleiner Finger. Sie legt bis zu 36 000 Eier am Tag.

Soldaten

Manche Soldaten beißen Angreifer, andere versprühen einen Klebstoff. Bei einer Termitenart explodieren sie sogar, um Eingänge zu blockieren.

Diese Soldaten versprühen eine klebrige Flüssigkeit.

Arbeiter

Die Arbeiter sind sozusagen die Bürger des Termitenstaates. Sie bauen das Nest aus Lehm, Pflanzenteilen und ihrem Kot.

Arbeiter

Termitenhügel

Es kann über zehn Jahre dauern, einen großen Termitenhügel zu errichten.

Verschiedene Stile

Termiten bauen im Verhältnis zu ihrer Körpergröße unglaublich große Nester. Kein anderes Landtier kann das. Die Nester haben unterschiedliche Formen.

Pilzförmiges Nest

Guten Appetit!

Ameisenbären fressen gerne Termiten. Sie sammeln so viele wie möglich, bevor die Soldaten angreifen.

Etwa 650 Millionen.

Wildkräuter

Wildkräuter sind sehr hübsch, sie blühen in vielen verschiedenen Farben. Die meisten verbreiten sich recht schnell.

Jakobs-Greiskraut ist für Pferde, Esel und Rinder sehr giftig.

Disteln bringen Samen mit Schirmchen hervor. So werden sie vom Wind verbreitet.

Gänseblümchen wachsen dicht am Boden und blühen in kurzem Gras.

Schlüsselblumen wachsen auf Lichtungen, an Waldrändern und auf Wiesen.

Die **Moschus-Malve** hat vom Juni bis zum September hübsche Blüten.

Labkraut hat winzige, sternförmige Blüten.

Die **Wiesen-Witwenblume** hat bis zu 2000 Samen an einer Pflanze.

Klee macht den Boden fruchtbar und ist für Landwirte deshalb nützlich.

Löwenzahn hat Blütenköpfe, die sich aus winzigen Blüten zusammensetzen.

Wald-Storchschnabel ist eine Waldblume, wächst aber auch in Wiesen.

Hahnenfuß bildet sehr viele Samen – eine große Pflanze bis zu 22000 Stück!

Leben in der Wiese

Im Sommer ist eine gesunde Wiese ein kleiner Dschungel. In ihr kommen die verschiedensten Pflanzen und Tiere vor.

Im Untergrund

Wühlmäuse graben lange Gänge und hinterlassen dabei Erdhügel.

Gut versteckt

Oft leben Wühlmäuse in der Wiese. Die Nagetiere sind fast blind und bleiben unter der Erde.

Maulwurf

Blüte einer Kornrade

Krabbenspinne

Vorsicht!

Krabbenspinnen sind kräftig genug, um Käfer und Schmetterlinge zu erbeuten. Sie verstecken sich zwischen den Blüten und warten auf ein Opfer.

Probier's aus!

Verteile für deine eigene kleine Wiese Samen auf feuchter Erde in einem Marmeladenglas. Stelle das Glas aufs Fensterbrett und lass die Samen keimen.

Wie lange lebt eine Eidechse?

Löwenzahnsamen

Die Blüten werden von Insekten bestäubt.

Pusteblume

Löwenzahn sieht man häufig auf Wiesen, denn er verbreitet seine Samen unglaublich erfolgreich. Jeder Samen hat ein Schirmchen, mit dem er wegfliegen kann.

Die Blütenblätter welken und die Schirmchen bilden sich.

Ein Windstoß trägt die Samen fort. Viele fliegen weit.

Schaum

Die Larven von Schaumzikaden geben eine klebrige Flüssigkeit ab, die Blasen bildet. Im Schaum trocknen die Larven nicht aus und sind auch vor Feinden geschützt.

Von Halm zu Halm

Zwergmäuse klettern im Gras umher wie Affen in Bäumen. Ihre Nester sind so groß wie Tennisbälle.

Eine Zwergmaus wiegt nicht mehr als ein Stück Würfelzucker.

In der Wiese gibt es verschiedene Schlangenarten.

Langsam

Die Blindschleiche ist keine Schlange. Sie ist eine Eidechse! Aber sie hat keine Beine. Sie fängt Würmer und Schnecken.

Sie kann über 50 Jahre alt werden.

Am Wasserloch

Während der Trockenzeit sind in der Savanne Wasserlöcher die einzigen Stellen, wo man sicher Wasser finden kann. Dort ist meist jede Menge los.

Ungleiche Freunde
Große Tiere erscheinen oft in Begleitung von Vögeln am Wasserloch. Madenhacker z.B. picken Schädlinge wie Zecken und Egel von der Haut der Antilopen.

Saubere Wäsche!
Wenn ein Warzenschwein ein Bad nimmt, ist es hinterher schmutziger als zuvor. Aber der Schlamm kühlt und vertreibt Flöhe und andere lästige Schädlinge auf der Haut.

Was ist ein Parasit?

Wasservögel

Vögel waten oft in Wasserlöchern umher und suchen nach Fischen und Fröschen. Es gibt viele verschiedene Arten.

Der Nimmersatt scheucht mit den Füßen Fische und Frösche im Wasser auf.

Sattelstörche als größte Störche haben eine Flügelspannweite von 2,70 Metern.

Kronenkraniche sind die einzigen Kraniche, die in Bäumen sitzen können.

Klunkerkraniche umgeben ihre großen Nester mit einem Kanal wie ein Burggraben.

Im Schlamm vergraben

Manche Wasserlöcher trocknen in der Trockenzeit völlig aus. Der afrikanische Lungenfisch umgibt sich mit zähem Schleim und Schlamm und ruht so bis zur nächsten Regenzeit.

Ganz schön durstig

Elefanten besuchen häufig Wasserstellen, denn sie müssen etwa 200 Liter am Tag trinken.

Am Wasserloch ist es schön kühl.

Mehr wissen

über Tiere, die Wasser speichern

64–65 Tiere der Wüste

Ein Lebewesen, das sich dadurch ernährt, dass es ein anderes Tier schädigt.

Wüsten

Wüsten sind die trockensten Gebiete der Erde. Selten fällt dort Regen. Die Tiere und Pflanzen in der Wüste haben eine Reihe von Techniken entwickelt, damit sie überleben können.

Wüsten der Erde

Ein Viertel der Landfläche auf der Erde besteht aus Wüsten. Die Sahara in Nordafrika ist die größte Wüste.

Verrücktes Wetter

Tagsüber kann es in Wüsten sehr heiß werden. Nachts wird es eisig kalt. Oft gibt es schwere Sandstürme, in manchen Wüsten sogar Schneestürme.

Graugebänderte Königsnatter

Überlebenskünstler

Nur wenige Pflanzen können in der Wüste wachsen. Deshalb sind viele Tiere Fleischfresser. In einigen Wüsten ist es so heiß, dass die meisten Tiere sich am Tag unter die Erdoberfläche zurückziehen und nur nachts jagen.

Wie hoch ist der größte Kaktus?

Wüstenrekorde

Wüsten sind extreme Lebensräume. Hier gibt es beeindruckende Rekorde.

Niederschläge: In einer Wüste regnet es im Jahr weniger als 2,5 Zentimeter.

Trockenste Wüste: Das ist die Atacama-Wüste in Südamerika.

Kälteste Wüste: Die Wüste Gobi in Asien ist die kälteste Wüste der Erde.

Heißeste Wüste: Die Sahara ist die heißeste Wüste der Welt.

Größte Wüste: Die Sahara erstreckt sich über ein Drittel Afrikas.

Wüstenpflanzen

Mit wenig Regen ist es für Pflanzen sehr schwer, zu überleben. Wenn es regnet, speichert der Kaktus Wasser. In Trockenzeiten verbraucht er es.

Wissens-Quiz

Findest du im Kapitel Wüsten die Tiere und Pflanzen, zu denen diese Fotos gehören?

Mehr wissen

über Wüsten
64–65 Tiere der Wüste
66–67 Wüstenpflanzen

Ein Cardon-Kaktus in der Sonora-Wüste wurde 20 Meter hoch.

Tiere der Wüste

Autsch!

Die Tiere in der Wüste haben Tricks entwickelt, wie man die Hitze meiden oder sich abkühlen kann.

Cool bleiben

Wüstentiere wissen sich zu helfen, wenn die Hitze unerträglich wird.

Der Wüstenfuchs gibt über die großen Ohren Wärme ab. Seine Sohlen sind behaart.

Kängurus lecken ihre Vorderbeine ab, um sich abzukühlen.

Wüstenrennmäuse bleiben während des Tages unter der Erde.

Schildkröten lassen Speichel auf die Vorderbeine laufen, der sie abkühlt.

Kalahari-Erdhörnchen benutzen ihren buschigen Schwanz als Sonnenschirm.

Truthahngeier kühlen ihre Beine mit Kot oder fliegen bei Hitze in kühlere Lüfte.

Kein Wasser? Kein Problem!

Ein Kamel kann drei Wochen lang ohne Wasser auskommen. Wenn es trinkt, dann riesige Mengen.

Außer in den Höckern hat das Kamel kein Fett im Körper. So wird ihm nicht zu heiß.

Mit seinen großen, flachen gepolsterten Füßen sinkt das Tier im Sand nicht ein.

Schwimmen im Sand

Der Goldmull hält sich der Sonne fern, indem er unter der Oberfläche durch den Sand „schwimmt". Er taucht selten auf, denn er findet alles zum Überleben.

Die Falle ist nicht größer als eine Murmel.

Falltürspinne

Fallen

Diese Spinne gräbt Röhren in den Sand und kleidet sie mit Seide aus. Mit einer Falltür deckt sie die Röhren ab. Der Bau ist eine Insektenfalle.

Wie nennt man ein Kamel mit nur einem Höcker?

Die Eidechse hebt die Füße über den Sand.

Dünen-Eidechse

Tanz in der Hitze

Wenn der Sand zu heiß wird, hält die Eidechse ihre Füße abwechselnd in die Luft.

Zur Seite

Die Seitenwinder-Schlange schlängelt sich seitwärts. Nur ein kleiner Teil des Körpers kommt dabei mit dem heißen Sand in Berührung. So bleibt die Schlange kühl.

Im Höcker ist Fett gespeichert, aus dem Wasser gewonnen werden kann.

Lange Wimpern

Die Nasenlöcher können geschlossen werden, damit kein Sand in die Lungen gelangt.

Menschen durchqueren seit Jahrhunderten auf Kamelen und Dromedaren die Wüsten.

Das ist ein Wüstenschiff.

Dromedar.

Erwischt!

Ameisenlöwen graben steile Löcher, in denen sie Insekten fangen. Die Opfer stürzen direkt in die furchteinflößenden Kiefer.

Ameisenlöwe

Umgekehrt

Der Schwarzkäfer stellt sich auf den Kopf, wenn er Durst hat. Der Nebel wird an seinem Körper zu Wasser und tropft ihm in den Mund.

Wasserleitung

Der Dornteufel hat einen Trick: Gruben in der Haut führen zu seinen Mundwinkeln. Deshalb fließt ihm der Tau direkt ins Maul.

Dornteufel

Wüstenpflanzen

Lebende Steine

Für Pflanzen ist das Überleben in der Wüste schwierig, denn es regnet selten. Wenn eine Pflanze Wasser speichert, muss sie sich gegen Tiere verteidigen.

Stachelige Pflanzen

Kakteen sind ungewöhnliche Pflanzen. Statt Blätter haben sie Dornen. Im Stängel speichern sie Wasser.

Das Original

Welche dieser beiden Pflanzen ist ein Kaktus? Echte Kakteen gibt es nur in Amerika. In Asien und Afrika sehen manche Pflanzen so ähnlich wie ein Kaktus aus. Sie gehören aber zu einer anderen Pflanzenfamilie.

Dornen schützen den Kaktus.

Durch die Falten an den Seiten kann der Kaktus anschwellen und schrumpfen.

Eine Wachsschicht an der Oberfläche schützt vor Wasserverdunstung.

Die kugelige Form verkleinert die Oberfläche.

Im dicken Stängel ist Wasser gespeichert.

Welcher ist der Kaktus?

Kaktus

Wolfsmilchgewächs

Agave

Einmalige Blüten

Diese Agavenart, die in den USA und Mexiko vorkommt, wird etwa 20 Jahre alt. Erst dann blüht sie und danach stirbt die ganze Pflanze ab.

Schau, sie blüht!

Mehr wissen
über andere Pflanzen
58–59 Leben in der Wiese

Wie viele verschiedene Kakteen-Arten gibt es?

Lebende Steine

Diese „Kieselsteine“ sind Pflanzen. Sie sehen wie Steine aus, damit durstige Tiere sie nicht fressen. Jeder Stein ist eigentlich ein sehr dickes Blatt. Der Spalt oben lässt Licht an die Pflanze.

Herumpurzeln

Steppenroller sind Pflanzen, die vom Wind forttransportiert werden, wenn sie vertrocknet sind. Dabei lassen sie ihre Samen fallen. Eine Pflanze bringt hunderttausende von Samen hervor.

Wasserspeicher

Die Elefantenfuß-Pflanze aus Madagaskar wird so genannt, weil ihr dicker Stängel aussieht wie der Fuß eines Elefanten. In der Verdickung ist Wasser gespeichert.

Elefantenfuß-Pflanze

Uralt

Manche Wüstenpflanzen wachsen langsam, werden aber sehr alt. In Wüsten kommen einige der ältesten Pflanzen der Erde vor.

Die **Welwitschia** wird bis zu 2000 Jahre alt.

Langlebige Kiefern werden sogar 5000 Jahre alt.

Kreosotbusch: Ableger werden bis zu 12 000 Jahre alt.

Getränkelager

Wilde Wassermelonen reifen unterirdisch. Für Menschen, die in Wüsten leben, sind sie eine Wasserquelle. Sie erkennen die Pflanze an den Blättern.

Wassermelone

Wassermelonen stammen aus Südafrika.

Ableger

Echeverie

Saftig

Pflanzen mit sehr dicken Blättern und Stängeln, die Wasser speichern, nennt man Sukkulenten.

Mehr als 1600.

Regenfälle und Oasen

Tiere und Pflanzen der Wüste machen das Beste aus dem wenigen Regen. Oasen sind verstreute Inseln, wo viele Lebewesen ihre Heimat haben.

Was ist eine Oase?

Oasen entstehen dort, wo ein unterirdischer Fluss so nahe an die Oberfläche kommt, dass Pflanzen wachsen können.

Winzige Kaulquappen

Südliche Schaufelfußkröte

Kröte im Loch
Schaufelfußkröten können ein Jahr lang im ausgedörrten Wüstenboden ruhen. Die Kaulquappen müssen sich schnell entwickeln.

Gute Ernte
In der Sahara wachsen in Oasen meist Dattelpalmen. Oft haben Menschen, die dort leben, sie gepflanzt. Denn Datteln sind ihre wichtigste Nahrung.

Datteln

Gefährlicher Angriff
Wanderheuschrecken leben normalerweise einzeln. Nach heftigen Regenfällen aber sammeln sie sich zu großen Schwärmen. Ein Schwarm kann aus über 50 Milliarden Tieren bestehen.

Riesiger Kaktus

Wie groß sind Oasen?

Allzeit bereit

Die Eier der Urzeitkrebse können mehr als 50 Jahre überleben. Wenn es regnet, schlüpfen die Krebse. In nur wenigen Wochen wachsen sie, paaren sich und legen Eier.

Urzeitkrebse

Der Urzeitkrebs wird auch Triops genannt, denn er hat drei Augen.

Tigersalamander

Der größte Landsalamander

Kakteen in Blüte

Die Blüten vieler Kakteen sind sehr prächtig. Manche blühen einige Monate lang, andere nur wenige Tage.

Viele Kakteen haben wie diese Art röhrenförmige Blüten.

Bienen bestäuben die Blüten des Säulenkaktus und anderer Kakteen.

Die Königin der Nacht hat wunderbare Blüten, die so groß sind wie deine Hand.

Im Untergrund

Manche Salamander sind gut an das Wüstenleben angepasst. Das ist ungewöhnlich, weil die Tiere normalerweise in feuchten Gegenden leben. Sie bleiben unter der Erde und kommen nur nach Regenfällen hervor.

Wartestellung

Viele Wüstenpflanzen überleben die erbarmungslose Trockenheit als Samen. Wenn es regnet, keimen sie und die Pflanzen blühen sehr schnell.

Wanderheuschrecke

Jäger aus Felsspalten

Wissenschaftler waren erstaunt, als sie entdeckten, dass in unterirdischen Höhlen der Sahara Krokodile leben. Bei Regen kommen sie hervor, um zu jagen.

Wüstenkrokodil

Manche sind so groß wie eine Stadt.

Bei Dunkelheit

Wenn die Sonne untergeht, verändert sich die Wüste. Tiere kommen aus ihren Verstecken und gehen auf Nahrungssuche.

Lichtscheu

Skorpione sind Überlebenskünstler. Sie überstehen Frost, können ein Jahr lang ohne Nahrung auskommen und drei Tage unter Wasser bleiben. Sonnenlicht aber ertragen sie nicht.

Skorpion

Löffelhund

Lauschen

Mit seinen großen Ohren kann sich der Löffelhund in der Wüste abkühlen. Er hört damit auch Insekten, wenn er nachts auf die Jagd geht.

Der Kojote ist bekannt dafür, dass er in der Nacht heult.

Kojote

Spätvorstellung

Kojoten sind an viele Lebensräume angepasst, auch an Wüsten. Sie fühlen die Erschütterungen von kleinen Beutetieren unter der Erde und graben sie aus.

Wüstengeckos

Abendessen

Diese Geckos, die den Tag in einem Erdloch verbracht haben, sind nun hungrig und jagen Insekten.

Wie nennt man Tiere, die vor allem bei Sonnenauf- und -untergang unterwegs sind?

Guten Appetit!

Diese Fledermaus hat den Tag über in einer stillgelegten Mine gehangen. Nun jagt sie Nachtfalter, Raupen, Grillen und Käfer.

Linienschwärmer

Nachtflug

Der Linienschwärmer ist so groß wie ein Kolibri. Er sucht nachts nach Blüten wie Orchideen, an denen er Nektar saugt.

Kalifornische Blattnasen-Fledermaus

Korallenschlange

Bleib fern!

Die Korallenschlange ist eine der tödlichsten Schlangen. Ihr Gift ist zweimal so wirkungsvoll wie das einer Klapperschlange. Da sie aber nur nachts unterwegs ist, sieht man sie sehr selten.

Kein Entkommen

Auch Spinnen sind nachts aktiv. Diese Vogelspinne hat eine Heuschrecke erbeutet.

Vogelspinne

Dämmerungsaktiv.

Die Sonora-Wüste

Die nordamerikanische Sonora-Wüste ist riesig. Weil viel Regen fällt, lebt hier eine Reihe von Tieren und Pflanzen.

Interessant!
Den Riesenkaktus findet man an vielen Stellen in der Sonora-Wüste. Mit nur 2,5 Zentimetern im Jahr wächst er unglaublich langsam. Trotzdem kann er 15 Meter hoch werden.

Der Unterschied

Spinnenameise

Spinnenameisen sind eigentlich Wespen. Nur die Männchen haben Flügel. Die Weibchen können dafür stechen.

Kaktus als Zuhause

In der Sonora-Wüste gibt es wenige Bäume. Deshalb hat sich der Gilaspecht eine Nisthöhle in einem Kaktus gebaut. Er benutzt das Nest nur ein Jahr lang und zieht dann weiter.

In Eile

Der Rennkuckuck läuft mit einer Geschwindigkeit von bis zu 30 km/h umher und jagt kleine Säugetiere, Reptilien und Vögel.

Rennkuckuck

Gibt es in der Sonora-Wüste Wälder?

Reptilien der Wüste

Eidechsen, Schlangen und Schildkröten, die alle zu den Reptilien gehören, sind an das Leben in der Sonora-Wüste angepasst.

Die Gilaechse ist eine der beiden giftigen Echsenarten auf der Erde.

Wüstenschildkröten verbringen 95 Prozent ihres Lebens unter der Erde.

Klapperschlangen warnen Tiere, indem sie mit der Rassel am Schwanz klappern.

Königsnattern werden so genannt, weil sie andere Schlangen fressen.

Katzenfrett

Nachts jagt der Katzenfrett Ratten, Mäuse, Eichhörnchen, Frösche und Insekten.

Flauschig

Der Katzenfrett ist nicht mit Katzen, sondern mit Waschbären verwandt. Er putzt sich aber so sauber wie eine Katze.

Riesenkaktus

Dehnbar

Nach einem Regen schwillt der Stamm des Kaktus an, weil die Pflanze Wasser aufnimmt. Sie kann so viel Wasser speichern, wie ein kleines Auto wiegt.

Kleiner Stinker

Ein Pekari sieht aus wie ein Schwein, ist aber nur entfernt mit Schweinen verwandt. Pekaris haben schlechte Augen, können aber gut riechen. Sie selbst verströmen einen strengen Duft.

Halsband-Pekari

Es gibt keine Bäume, aber Wälder aus Riesenkakteen.

Gebirge und Höhlen

Im felsigen Lebensraum Gebirge kann das Wetter ganz unterschiedlich sein. Höhlen bieten Schutz, aber kein Sonnenlicht.

Wo sind Gebirge?

Auf der Erde gibt es mehrere gewaltige Gebirgszüge. Auf der Karte sieht man, wo die bekanntesten sind.

Puma

Ganz hoch oben

Viele Tiere wie der Puma haben sich an das Leben im Gebirge angepasst. Manche kommen aber auch in tiefer liegenden Gegenden vor.

Wie wird der Puma noch genannt?

Wetter im Gebirge

Mal Regen, mal Schnee – im Gebirge ist das Wetter oft sehr extrem.

Temperatur: Mit zunehmender Höhe wird es alle 100 Meter 1° C kälter.

Wind: Der stärkste Wind auf der Zugspitze wehte mit 335 km/h.

Regen: In Cherrapunji in Nordostindien fallen im Jahr zwölf Meter Regen.

Schnee: In den Alpen kann der Schnee schon mal 2 Meter hoch sein.

Lawinen: Schneedecken, die zu schwer werden, rutschen am Hang ab.

Sonne: Oft scheint nur an einer Seite der Berge die Sonne.

Wie entstehen Höhlen?

In Gebieten mit weichem Kalkstein löst Wasser den Stein im Laufe von Jahrtausenden auf. Nach und nach werden Spalten zu Löchern und schließlich zu Höhlen.

Tier-Quiz

Sieh nach, ob du im Kapitel Gebirge und Höhlen die Bilder findest, von denen du hier Ausschnitte siehst.

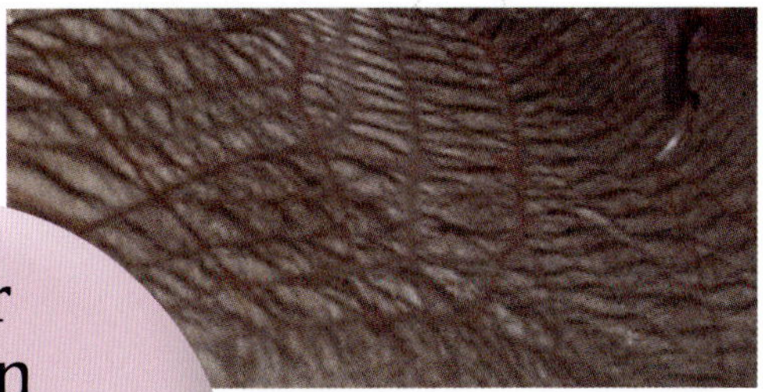

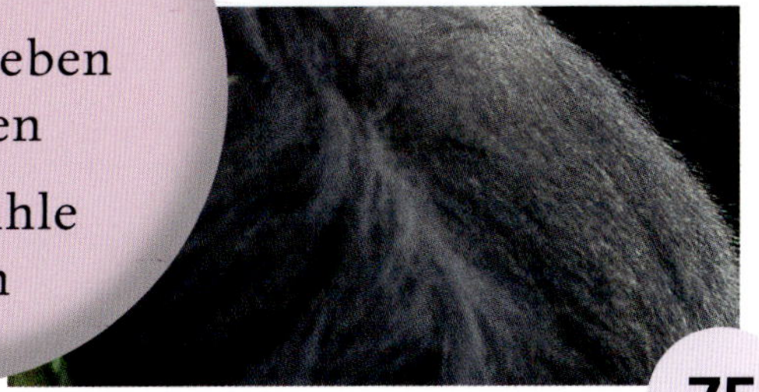

Mehr wissen

über das Leben in Höhlen

78–79 Kühle Höhlen

Berg- oder Silberlöwe.

Leben in dünner Luft

Mehr wissen
über das Leben in Kälte
10–11 Leben im Eis
18–19 Laubwälder

Wenn du auf einen Berg steigst, merkst du, wie die Lebensräume sich verändern. Auch das Atmen wird schwerer, je höher man kommt.

Höhenstufen

Ein Gebirge in kühleren Regionen hat verschiedene Höhenstufen. Auf jeder von ihnen kommen bestimmte Tiere und Pflanzen vor.

Friedliche Riesen

Es gibt wahrscheinlich weniger als 380 wilde Berggorillas. Sie sehen zwar furchterregend aus, aber sie sind friedliche Vegetarier.

Berg-gorilla

Alpine Stufe

In kühlen Regionen der Erde bleibt auf den Berggipfeln der Schnee immer liegen. Dort oben wächst nichts mehr.

Gebirgswiesen

Im Frühjahr, wenn der Schnee schmilzt, blühen bunte Blumen auf den Wiesen. Diese Stufe ist über der Baumgrenze.

Nadelbäume

Nadelbäume sind an extreme Kälte angepasst. Sie sind kegelförmig, damit der Schnee von den Ästen abrutscht.

Laubbäume

Unterhalb der Nadelbäume, wo die Luft etwas wärmer ist, wachsen Laubbäume.

Murmeltier

Langschläfer

Gebirgswiesen sind im Winter mit Schnee bedeckt. Murmeltiere überleben diese Zeit, weil sie in ihrem Bau Winterschlaf halten.

Wie lange dauert der Winterschlaf des Murmeltiers?

Steingärten

Wenn der Schnee im Frühjahr schmilzt, entsteht auf den Wiesen im Hochgebirge ein Meer aus Blüten.

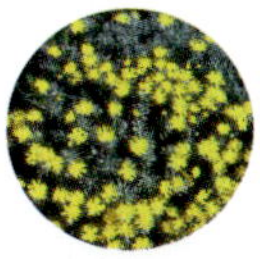

Arnika blühen auf Gebirgswiesen manchmal in großer Zahl.

Spieren bilden mit ihren cremeweißen Blüten in felsigen Gegenden dichte Matten.

Zwergthymian wächst in niedrigen, dichten und farbenfrohen Polstern.

Steinbrech ist robust und blüht in verschiedenfarbigen Arten.

Edelweiß ist in vielen Gegenden geschützt, man darf es nicht pflücken.

Alpenglöckchen beginnen im Frühjahr im Gebirge zu blühen.

Dscheladas

Im Fels daheim

Manche Affen haben lieber Felsen als Bäume. Dscheladas schlafen auf Felsen und sitzen dabei auf schmalen Vorsprüngen.

Steinbock

Bergsteiger

Steinböcke gehören zu den Ziegen. Sie erklimmen die steilsten Hänge und springen umher, ohne den Halt zu verlieren.

Alpendohle

Ausflug

Die Luft im Gebirge ist so dünn, dass Bergsteiger Sauerstoffflaschen brauchen. Vögel wie die Alpendohle haben kein Problem mit dem Atmen. Einmal begleitete eine Dohle eine Expedition bis auf den Gipfel des Mount Everest.

Von Anfang November bis Ende April etwa sechs Monate.

Kühle Höhlen

Es dauert Jahrtausende, bis sich eine große Höhle bildet. Viele Tiere, von Insekten bis zu Fledermäusen, leben in Höhlen.

Stalaktit

Ein Stalaktit wächst von der Decke herab.

Säulen

Höhlen sind oft feucht, manchmal sogar nass. Wasser tropft von der Decke und bildet Tropfsteine, die Stalaktiten heißen.

Langohr-Fledermaus

Flughäute

Echo

Viele Fledermäuse sehen schlecht, haben aber ein sehr gutes Gehör. Sie geben Klicklaute von sich, die vom Körper des Beutetieres zurückgeworfen werden. So weiß die Fledermaus, wo die Beute ist.

Höhlenspinne

Anschleichen

Wie Fledermäuse sehen auch Höhlenspinnen schlecht. Zum Ausgleich haben sie einen gut entwickelten Tastsinn. Damit können sie sich in der Dunkelheit bewegen und jagen.

Wie heißen Tropfsteine, die vom Höhlenboden wachsen?

Ganz in Weiß

Einige Höhlentiere wie dieser Krebs sind weiß. Sie brauchen keine Farbstoffe, die sie vor den Sonnenstrahlen schützen.

An den Wassertropfen siehst du, dass die Fledermaus in einer feuchten Höhle Winterschlaf hält.

Fransenfledermaus

Schlafenszeit

Eine kühle Höhle ist für eine Fledermaus der beste Ort für den Winterschlaf.

Kleiner Imbiss

Diese Schlange aus Südostasien kriecht in Höhlen, denn dort findet sie schmackhafte Frösche, Fledermäuse und Eidechsen. Mit ihrem abgeflachten Körper gleitet sie über die Felsen.

Rotschwanznatter

Alt und bewährt

Schaben gehören zu den erfolgreichsten Tieren. Seit über 320 Millionen Jahren leben sie auf der Erde. Sie kommen in Höhlen vor, aber auch in anderen Lebensräumen.

Schabe

Stalagmiten.

Riesiger Himalaja

Der Himalaja ist der höchste Gebirgszug der Erde. Er erstreckt sich auf einer Länge von 2500 Kilometern durch Asien.

Dach der Welt

Der höchste Berg der Erde, der Mount Everest, ragt mitten im Himalaja auf.

Schneeleopard

Warmer Pelz

Der scheue Schneeleopard ist wahrscheinlich die seltenste Katze der Erde. Er kommt hoch oben im Gebirge vor. Auch im Himalaja lebt er weit weg von menschlichen Siedlungen.

Elegant

Ein anderer Bewohner des Himalaja ist der Kragenbär. Seinen Namen hat der Schwarzbär von der halbmondförmigen weißen Zeichnung auf der Brust.

Asiatischer Kragenbär

Wie hoch ist der Mount Everest?

Putzig!

Der Kleine Panda ist näher mit dem Waschbären verwandt als mit dem Großen Panda. Er lebt in hoch gelegenen Bambuswäldern und frisst Blätter, Wurzeln und Früchte.

Steinadler

Scharfe Krallen

Der gewaltige Steinadler hat eine Flügelspannweite von über 2,3 Metern. Zu ihrer Beute zählen Pfeifhasen.

Giftige Blüten

Rhododendronbüsche bilden im Himalaja Dickichte. Die großen Blüten sind sehr hübsch, aber giftig. Bienen sammeln den Nektar und machen daraus einen Honig, der für Menschen ungenießbar ist.

Wilder Rhododendron

Bergbewohner

Pfeifhasen sind kleine, pelzige Tiere, die mit den Kaninchen verwandt sind. Dieser hier lebt auf Gebirgswiesen und ist gut an kaltes Wetter angepasst.

Pfeifhase

8850 Meter.

Die Anden

Die Anden liegen in Südamerika. Mit 7250 Kilometern Länge sind sie die längste Gebirgskette der Erde.

Trocken und feucht

Auf der einen Seite der Anden herrscht staubtrockenes Klima, auf der anderen wächst ein feuchter Dschungel. Diesen Wald nennt man Nebelwald.

Land der Lamas

Mit ihrem dicken, zottigen Fell können Lamas große Kälte ertragen. In den Anden liefern sie den Menschen seit Jahrhunderten Wolle, Fleisch und Milch.

Lama

Wie heißt das trockenste Gebiet der Erde?

Flug des Kondors

Der größte Raubvogel der Erde ist der Andenkondor. Er hat riesige Flügel. Weil er so groß ist, startet er meist von einem hohen Felsen aus und lässt sich von Aufwinden tragen.

Andenkondor

Gutmütig

Der Brillenbär hat seinen Namen wegen der hellen Flecken um die Augen. Er frisst fast nur Pflanzen, was für einen Bären ungewöhnlich ist.

Brillenbär

Andenkolibri

Das Herz eines Kolibris kann 1300-mal in der Minute schlagen.

Fleißig

Kolibris, die in den Anden leben, bleiben warm, weil sie immer in Bewegung sind.

Es ist die Wüste Atacama zwischen Anden und Pazifik.

Süßgewässer

Libelle

Es gibt viele verschiedene Süßgewässer. Manche Flüsse, wie der gewaltige Amazonas in Südamerika, sind sehr breit. Aber auch an kleinen Bächen bilden sich Lebensräume.

40 Prozent aller Fischarten leben in Süßgewässern.

Wasserbewohner
Säugetiere, Reptilien, Weichtiere und Krebse – von den meisten Tiergruppen gibt es Arten, die im Süßwasser leben.

Frisches Nass

Alle Tiere und Pflanzen, die an Land leben, brauchen Süßwasser. Diese Wasserspitzmaus wohnt direkt am Wasser.

Ist das meiste Wasser auf der Erde Süßwasser?

Wasserpflanzen

Im Süßwasser leben nicht nur viele Tiere, hier gibt es auch eine Reihe von Pflanzen.

Wasserlinsen sind kleine Schwimmpflanzen. Sie haben winzige Blüten.

Seerosen sind am Grund verankert, ihre großen Blätter aber schwimmen.

Nest eines Teichrohrsängers

Rohrkolben

Einige Vögel bauen ihre Nester zwischen den Halmen am Ufer.

Wissens-Quiz

Wozu gehören diese Bildausschnitte? Sieh nach, ob du die Fotos im Kapitel Süßgewässer findest.

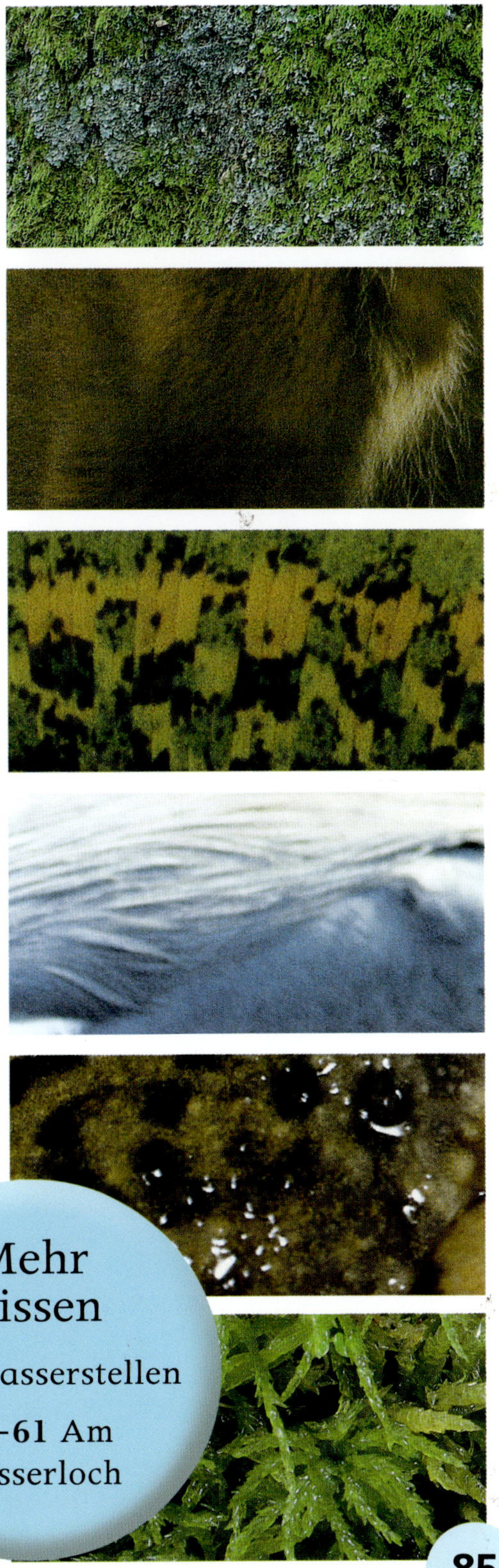

Mehr wissen

über Wasserstellen
60–61 Am Wasserloch

Nein, nur etwa drei Prozent des Wassers bestehen aus Süßwasser.

Fließende Gewässer

Von tosenden Wasserfällen bis hin zu langsam und stetig fließenden Flüssen: In fließenden Gewässern sind viele Tiere und Pflanzen zu Hause.

Köcherfliegenlarve

Beginn der Nahrungskette

Wenn Blätter und tote Tiere ins Wasser fallen, vermehren sich Bakterien. Dadurch haben Larven wie die Köcherfliegenlarve mehr Nahrung.

Köcherfliege

Bescheidener Anfang

Viele große Flüsse beginnen als schnell fließende Bäche. Je breiter ein Fluss wird, desto mehr Tiere leben in ihm.

Moose wachsen oft an Felsen am Wasser und bieten vielen kleinen Krabbeltieren Schutz, die Feuchtigkeit brauchen.

Baumeister

Biber bauen Dämme. So staut sich ein See an und das Wasser fließt langsamer. Auch die Biberburgen, in denen sie wohnen, bauen die Tiere selbst.

Umgefallene Bäume sind Brücken für Tiere, die den schnell fließenden Bach überqueren können.

Biber

Welcher Fluss ist der längste der Erde?

Der Colorado

Unermüdlich

Flüsse graben Täler im Lauf von Jahrmillionen. Ein beeindruckendes Beispiel dafür ist der Colorado und der Grand Canyon in den USA.

Ein Braunbär fängt am Fluss Lachse.

Fisch im Schnabel des Eisvogels

Fischer

Langsam fließende Flüsse sind das Jagdrevier vieler Vögel. Sie fangen kleine Fische aus dem Wasser. Der schillernde Eisvogel kommt an Flüssen in Europa vor.

Aufgepasst!

Fließendes Wasser enthält viel Sauerstoff, den die Fische brauchen, wenn sie flussaufwärts zu ihren Laichplätzen schwimmen. Aber es ist eine gefährliche Reise!

Braunbär

Der Eisvogel taucht etwa 25 Zentimeter tief, wenn er Fische fängt.

Der Nil in Afrika ist 6695 Kilometer lang.

Stille Gewässer

In einem Süßwassersee fließt das Wasser nicht. Vor allem am Seeufer kann man jede Menge Tiere und Pflanzen entdecken.

Wasser-hyazinthe

Farbenpracht

Schwimmpflanzen gedeihen am besten in stillen Gewässern. Wasserhyazinthen zum Beispiel sind schön, sie vermehren sich aber sehr schnell. Sie können dann das Leben unter einer Matte aus Blättern ersticken.

Schwimmpflanzen wie Wassersalat spenden den Tieren Schatten.

Wasser-salat

Fisch mit Bart

Welse haben Barteln, mit denen sie sich im trüben Wasser vorantasten.

Wels

Manche Welse werden über drei Meter lang.

Mit den Barteln sucht der Fisch nach Beute. Ein großer Wels kann sogar eine Ente fangen.

Blutegel

Pferde-egel

Blutsauger

Wenn man in einem schlammigen See schwimmt, kann es passieren, dass man einen Egel am Fuß hat. Manche Egel saugen Blut.

Welcher ist der größte Süßwassersee der Erde?

Natürliche Seen

Seen bilden sich in Senken. Es gibt aber auch von Menschen aufgestaute Seen mit einem Damm.

Der Obere See in Nordamerika.

Fischadler sind große Vögel mit bis zu 1,7 Metern Flügelspannweite.

Die Blüten der Rohrkolben locken Insekten an.

Angriff aus der Luft

Fischadler nisten an Seen oder Flüssen. Um Fische im Wasser zu erbeuten, stürzen sie aus der Höhe herab.

Hecht

Leben am Ufer

Rohrkolben und Schilf bilden oft einen dichten Gürtel am Seeufer. Die Pflanzen wurzeln am Grund und wachsen über die Wasseroberfläche.

Auf der Lauer

Hechte warten bewegungslos und schnellen dann hervor, um Frösche, Fische und Insekten zu fangen.

Libellen kann man häufig bei Pflanzen am Seeufer beobachten.

Schwergewicht

Die riesige Geierschildkröte ist die größte Süßwasserschildkröte der Erde. Manche Tiere wiegen mehr als 100 Kilo.

Unglaublich!

Die Vorfahren der Eistaucher lebten bereits vor 65 Millionen Jahren auf der Erde. Dieser rotäugige Vogel kann 27 Meter tief tauchen, wenn er Nahrung sucht.

Leben im Teich

In einem Teich wimmelt es vor Leben, über und unter der Wasseroberfläche. Fische, Insekten und Amphibien fühlen sich hier wohl.

Froschentwicklung

Die Entwicklung vom Ei zum Frosch ist spannend

Eier werden zu Tausenden in einer Gallertmasse gelegt. Man nennt sie Froschlaich.

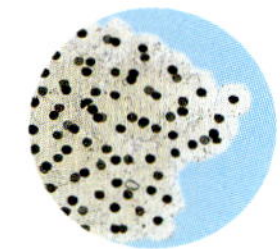

Kaulquappen schlüpfen nach 2–3 Wochen. Sie atmen mit Kiemen.

Die Hinterbeine erscheinen zuerst, danach die Vorderbeine.

Jungfrösche ähneln ihren Eltern, sind aber sehr klein.

Akrobat

Wasserläufer können über die Wasseroberfläche laufen. Mit ihren behaarten Füßen versinken sie nicht. Sie jagen Insekten.

Wasserläufer

In wenigen Stunden färbt sich die Haut des Frosches dunkel, sodass er vor dem Hintergrund kaum zu sehen ist.

Verteidigung

Der Stichling heißt so, weil er Stacheln am Rücken hat. Für größere Fische ist es deshalb unangenehm, ihn zu verschlucken.

Das Stichlingsmännchen färbt sich zur Paarungszeit leuchtend bunt. Aggressiv verteidigt es sein Nest.

Gelbrandkäfer-Larve

Kinderstube

Larven sind die Jungen von Insekten, die zunächst ganz anders aussehen als ihre Eltern. Im Teich gibt es viele Larven.

Schillernde Räuber

Libellen beginnen ihr Leben im Wasser. Einige Jahre verbringen sie als Larven und häuten sich, wenn sie wachsen. Larven und erwachsene Libellen sind gefährliche Jäger.

Libelle

Gedrängel

Die Blätter der Viktoria-Seerosen können bis 1,5 Meter Durchmesser haben. Hier wachsen sie so stark, dass sie sich überlappen.

Sonderlinge

Molche sind sehr scheu. Sie kriechen umher, als würden sie auf Zehenspitzen laufen. Erwachsene Molche sind die meiste Zeit an Land in einem feuchten Versteck.

Gelbrandkäfer

Ruderwanze

Mückenlarven

Mückenlarven hängen unter der Wasseroberfläche und atmen durch ein schmales Rohr.

Verkehrt herum

Mit den Hinterbeinen, die wie Ruder aussehen, paddelt die Ruderwanze im Wasser. Dabei hängt sie kopfüber unter der Oberfläche.

Gierig

Der Gelbrandkäfer taucht, um sich Kaulquappen und kleine Fische zu schnappen.

Luftvorrat

Die Wasserspinne ist die einzige Spinne, die völlig unter Wasser lebt. Die Luft zum Atmen sammelt sie in einer Glocke aus Seide.

Eifriges Bauen

Die Larven der Köcherfliege bauen lange, schmale Köcher aus Stöckchen, Steinen und Pflanzenteilen.

Köcherfliegenlarve

Der Köcher ist ein Schutz für die Larve.

Ja. Sie kann mit bis zu 30 km/h umherschwirren.

Sümpfe und Moore

Fleischfresser

Fleisch fressende Pflanzen gedeihen in Sümpfen und Mooren, wo im Boden wenige Nährstoffe sind.

Sümpfe und Moore sind Feuchtgebiete. Das bedeutet, dass der Boden feucht oder sogar ganz mit Wasser bedeckt ist.

Die Venusfliegenfalle fängt ihr Opfer in einem Käfig.

Venus-fliegen-falle

Moor

Moore bilden sich in kühlen, nassen Gebieten, wo sich am Boden das Regenwasser staut.

Natürlicher Schwamm

Torfmoos saugt Regenwasser auf. Es hat keine richtigen Wurzeln, um Wasser und Nährstoffe aufzunehmen.

Grüne Falle

Kobraschlauchpflanzen wachsen in Sümpfen. In den schlauchförmigen Blättern fangen sie Insekten.

Wenn ein Insekt kleben bleibt, wird es vom Blatt umschlossen.

Fliegen erwischen

Sonnentau fängt Insekten mit den klebrigen Tropfen an den Haaren der Blätter.

Welche Pflanze auf dieser Seite hat man früher auf Wunden gelegt?

Sumpf

Wenn ein Fluss sich über ein großes Gebiet ausbreitet, entsteht ein Sumpf wie das Okavango-Delta in Afrika.

Der Nimmersatt lauert Fischen auf.

Nimmersatt

Paradies

Ein Sumpf ist ein Rückzugsgebiet für Vögel, Reptilien und Säugetiere. Es gibt mehr als 400 Vogelarten und über 150 Reptilienarten in den Sümpfen des Okavango-Deltas.

Kaimane leben in den Sümpfen Zentral- und Südamerikas.

Die Kiefer des Kaimans sind kräftig. So kann er die Beute zerkleinern.

Kaimane treiben dicht unter der Wasseroberfläche und warten, bis sich Beute nähert.

Kaiman

An Land bewegt sich ein Kaiman auf seinen langen Beinen schneller fort als ein Alligator.

Killer

Kaimane sind kräftige Räuber. Sie sind nahe mit Krokodilen und Alligatoren verwandt, aber viel kleiner.

Mehr wissen

über das Leben in Feuchtgebieten

94–95 Die Everglades

Torfmoos.

Die Everglades

Die Feuchtgebiete in Florida in den USA heißen Everglades. Teile der Everglades sind große Sümpfe, wo es immer sehr heiß und feucht ist.

Sommerregen

Der Sommer ist die Regenzeit in den Everglades. Durch den Regen schwellen die Flüsse an. Noch mehr Inseln entstehen in der sumpfigen Wildnis.

Mithilfe ihrer langen Hälse suchen Watvögel unter Wasser nach Nahrung.

Vögel

Watvögel haben lange Beine, auf denen sie im seichten Wasser umhergehen. Dieser Amerikanische Graureiher lebt in den Everglades.

Seekühe

Die Säugetiere haben ihren Namen, weil sie unter Wasser Pflanzen abweiden – wie die Kühe an Land. Seekühe verlassen nie das Wasser.

Mangrovensümpfe

Der Mangrovenbaum ist ein ungewöhnlicher Baum, denn er kann in seichtem Salzwasser wachsen. Viele dieser Bäume stehen an der Küste, wo die Everglades ans Meer grenzen.

Wassergras

Weiter innen im Land der Everglades findet man Riedgraswiesen. In manchen Gebieten sieht man das Wasser kaum mehr, so dicht ist das Gras. Das Wasser ist hier seicht.

Mehr wissen
über andere Säugetiere im Wasser
112–113 Wale und Delfine

Mückenplage

Im Sommer, wenn es regnet, schlüpfen 43 Mückenarten in riesigen Schwärmen. Diese Insekten legen bis zu 10000 Eier auf eine Fläche, die so groß ist wie diese Buchseite!

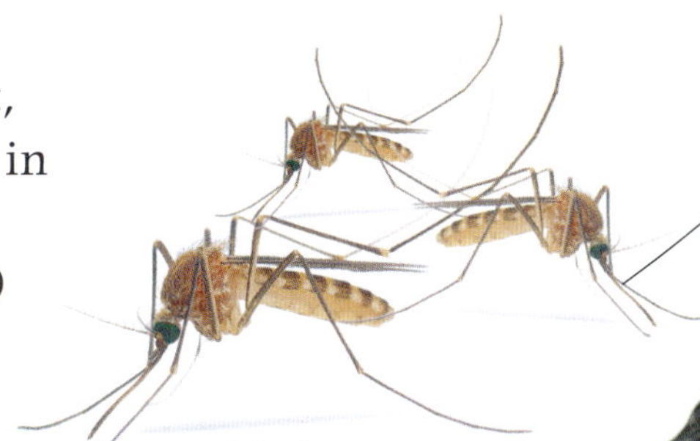

Stechmücken haben einen nadelscharfen Stechrüssel, mit dem sie Blut saugen.

Mücke

Der Mississippi-Alligator ist eines der gefährlichsten Tiere in den USA.

Riese der Everglades

Der größte Räuber dieses Gebietes ist der Mississippi-Alligator. Er wird bis zu 4,5 Meter lang und ist das größte Reptil Nordamerikas.

Die Everglades sind das einzige Gebiet auf der Erde, in dem sowohl Krokodile als auch Alligatoren vorkommen.

Mississippi-Alligator

Seit etwa 25 Millionen Jahren.

Ozeane

Mehr als zwei Drittel der Erdoberfläche sind von Wasser bedeckt. In großen Teilen gibt es nur wenig oder gar kein Leben. Anderswo ist jede Menge los.

Fünf Ozeane

Auf unserem Planeten gibt es fünf Ozeane. Sie sind riesig und viele Teile sind noch unerforscht.

Pazifischer Ozean: Der größte Ozean liegt zwischen Amerika und Asien.

Atlantischer Ozean: Er liegt zwischen Amerika, Europa und Afrika.

Nordpolarmeer: Der kleinste Ozean ist die meiste Zeit des Jahres eisbedeckt.

Südpolarmeer: Dieses Gebiet wurde erst im Jahr 2000 zum Ozean erklärt.

Indischer Ozean: Der drittgrößte Ozean nimmt 15 Prozent der Erde ein.

Meeressuppe

Plankton besteht aus winzig kleinen Algen und Tierchen, die im Ozean schweben. Für manche Fische und andere Meerestiere ist Plankton die Hauptnahrung.

Manche Inseln entstehen durch Vulkanausbrüche.

Inseln
Für das Leben im Meer sind Inseln sehr wichtig. Sie sind ein Treffpunkt für Tiere und Pflanzen.

Stockwerke im Meer

Das Meer teilt man nach der Wassertiefe in verschiedene Zonen ein. Manche Tiere bleiben in einer Zone, andere leben in mehreren Zonen.

Gezeitenzone
Hier treffen sich Meer und Land.

Offenes Meer
In Teilen des offenen Meeres gibt es wenig Leben.

Dämmerungszone
Eine düstere Zone mit wenig Licht.

Dunkelzone
Hierher dringt kein Licht, aber einige Tiere überleben.

Tiefsee
Den tiefen, dunklen Graben des Ozeans nennt man Tiefsee.

Wissens-Quiz

Sieh nach, ob du im Kapitel Ozeane die Fotos findest, von denen du hier Ausschnitte siehst.

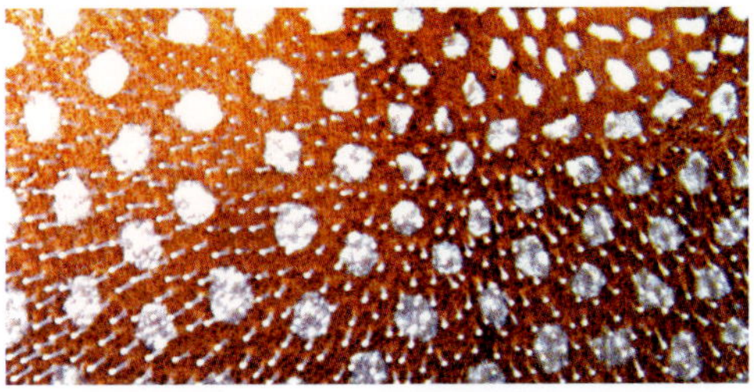

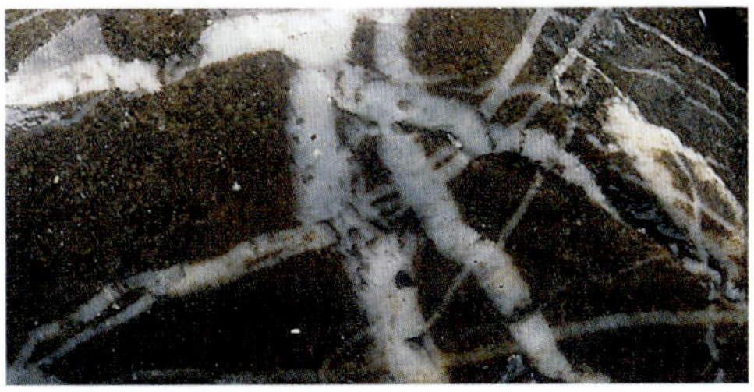

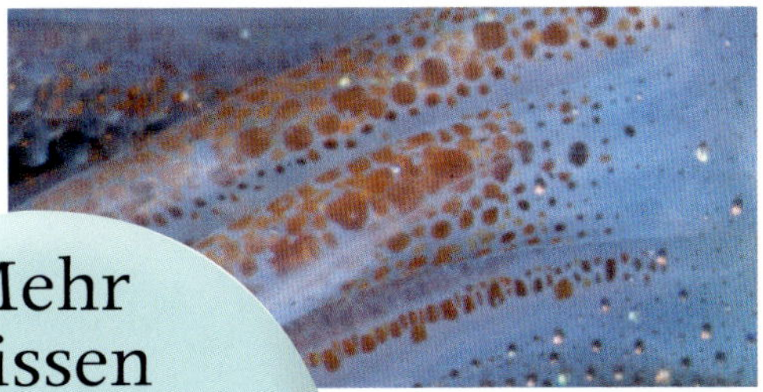

Mehr wissen
über das Leben in der Tiefe
106–107 Die Dämmerungszone

Der Fächerfisch schwimmt bis zu 111 km/h.

Die Küste

An der Küste stoßen Meer und Land aufeinander. Hier ist das Überleben nicht einfach, denn es ist stürmisch und die Wellen schlagen oft kräftig an den Strand.

Küstenarten

Es gibt verschiedene Strände. Einige davon siehst du hier.

Sandstrand
Auf den ersten Blick sieht man nicht, dass diese Strände voll von Tieren sind, die im Sand vergraben leben.

Felsenküste
Steile Klippen, flache Felsen oder Felsbrocken und Kies bilden diese Art von Strand.

Watt
Wattstrände gibt es an der Nordsee und oft in Gebieten, wo Flüsse ins Meer fließen.

Platz am Strand

Pflanzen müssen an der Küste Stürmen und salziger Gischt trotzen. Meistens wachsen sie niedrig und dort, wo das Wasser nicht mehr hinreicht.

Pflanzen wie die Grasnelke markieren die Gezeitenlinie, also die Stelle, wo auch die Flut nicht mehr hinkommt.

Ebbe und Flut kommen und gehen zweimal am Tag. Das hat mit dem Mond zu tun.

Wo kommt weißer Sand her?

Festhalten

Viele Pflanzen und Tiere der Küste halten sich auf geschickte Weise fest, um nicht fortgespült zu werden.

Napfschnecken

Es ist fast ummöglich, eine Napfschnecke wegzuziehen. Die Schalentiere halten sich mit einem muskulösen Fuß an Felsen fest.

Mit aller Kraft

Brauner Tang ist mit fingerartigen Rhizoiden am Felsen befestigt. Er haftet so stark, dass man ihn kaum abmachen kann.

Aufräumen

Krabben sind die Putzkolonne des Strandes. Sie fressen alles, was ihnen unter die Scheren kommt, egal ob tot oder lebendig.

An tropischen Stränden besteht er aus zermahlenen Skeletten von Korallen.

Bei Ebbe

Ein Gezeitentümpel ist ein winziger See, in dem verschiedene Tiere leben. Manche bleiben immer im Tümpel, andere sind versehentlich dort gefangen, wenn die Ebbe einsetzt.

Die Felsenküste

Gezeitentümpel bilden sich, wenn die Ebbe einsetzt und Meerwasser in Gräben zwischen den Felsen zurückbleibt. Viele Tiere leben hier.

Lachmöwe im Winterkleid

Der Speiseplan

Möwen fressen Aas und Abfälle und nehmen sich, was sie erwischen. Dazu gehören Fische, Würmer und Insekten vom Binnenland und der Küste.

Unsichere Zukunft

Das Leben in einem Gezeitentümpel ist hart. Temperatur und Salzgehalt des Wassers ändern sich je nach Wetter. Ein kleiner Tümpel kann völlig austrocknen.

Kann eine Seeanemone mit ihren Tentakeln einen Menschen stechen?

Gezeitentümpel

Verschiedene Algen und Tiere leben in Gezeitentümpeln. Hier siehst du einige der häufigsten.

Grundeln sind Fische. Sie können sich schnell mit Sand bedecken.

Garnelen wechseln die Farbe, um mit der Umgebung zu verschmelzen.

Seesterne sind Jäger. Sie haben meist fünf Arme, aber kein Gehirn.

Algen stellen Nährstoffe her und werden von Schalentieren gefressen.

Muscheln filtern Nährstoffe aus dem Wasser. Sie schließen sich bei Gefahr.

Krabben suchen in Gezeitentümpeln nach den Resten toter Tiere.

Schneckenhäuser können leer sein. Das Weichtier im Haus ist dann gestorben.

Anemonen fangen mit ihren nesselnden Tentakeln kleine Tiere, um sie zu fressen.

Muscheln zu Mittag

Muschelschalen bereiten dem Seestern keine Probleme. Er umschlingt die Schalen mit seinen Armen und zieht sie langsam auseinander. Dann verdaut er den weichen Muschelkörper.

Viele Seeanemonen können stechen. Fass sie besser nicht an.

Korallenriffe

Mehr als 15 Prozent aller Fischarten leben in Korallenriffen. Dabei nehmen Riffe weniger als ein Prozent der Erdoberfläche ein.

Verschiedene Riffe
Es gibt drei Haupttypen von Riffen: Barriereriffe, Atolle und Saumriffe. Die meisten entwickeln sich in warmen und seichten Gewässern. Hier siehst du ein Barriereriff.

Baustoffe

Ein Korallenriff besteht aus den Kalkskeletten von Millionen von winzigen Tieren, den Polypen. Die lebenden Polypen bilden oben eine Schicht. Nach unten scheiden sie die Kalkskelette ab.

Rifftiere sind leuchtend bunt. Manche sind hochgiftig.

Sind Korallen Tiere oder Pflanzen?

Hart wie Stein ...
Mit ihren harten Skeletten bilden Steinkorallen das Riff. Viele fangen in der Nacht Nahrung. Sie strecken ihre Tentakel aus, um Plankton aus dem Wasser zu filtern.

... oder ganz weich?
Weichkorallen haben lange Arme, die sich in der Strömung bewegen. Diese Korallen wachsen oft an Überhängen und Klippen.

Immer sauber

Riff-Fische werden ihre Parasiten los, weil Putzergarnelen oder Putzerfische sie auffressen. Die Putzer selbst werden nie angegriffen!

Komische Typen

Von der Seegurke bis zum Anglerfisch haben viele der Tiere im Riff merkwürdige Namen, die zu ihrem Aussehen passen.

Anglerfische sperren schnell den Mund auf, um einen Fisch zu verschlucken.

Meeresschnecken warnen Räuber mit einem unangenehmen Schleim.

Igelfische schrecken Räuber mit ihren Knochenplatten und spitzen Stacheln ab.

Seegurken weiden den sandigen Boden des Riffes ab und halten ihn sauber.

Korallen bestehen aus vielen winzigen Tieren, den Polypen.

Ein Kugelfisch saugt Wasser ein, damit sein Körper anschwillt.

Kugelfisch

Das große Entkommen

Wenn er bedroht wird, bläst der Kugelfisch sich auf. So kann der Räuber ihn nicht verschlucken. Die meisten Raubfische meiden diesen hochgiftigen Fisch aber ohnehin.

Quallen verteidigen sich mit Nesselzellen an ihren Tentakeln. Eine Schildkröte lässt sich aber nicht abwehren.

Die Gelbe Haarqualle ist eine der größten Quallen.

Weiter Weg

Die Lederschildkröte schwimmt auf der Suche nach Quallen tausende von Kilometern.

Mehr wissen

über Leben unter schwierigen Bedingungen

26–27 Im Winter

Überfluss

Viele Meerestiere legen hunderte oder tausende von Eiern, damit einige der Jungen überleben. Schildkröten legen 100 Eier auf einmal, Schwimmkrabben sogar bis zu 180 000!

Schwimmkrabbe

Welche der Tiere auf dieser Seite gibt es schon am längsten?

Überleben im Meer

Im Meer kann es gefährlich sein. Die Tiere verbessern ihre Überlebenschance auf ganz unterschiedliche Weise.

Tarnung

Viele Meeresbewohner sind wahre Meister der Täuschung.

Steinfische haben eine gefleckte Haut, die genau wie der Meeresboden aussieht.

Seenadeln schwimmen aufrecht und sind zwischen Wasserpflanzen fast unsichtbar.

Leopardenhaie können sich mit ihrer gemusterten Haut gut tarnen.

Auf der Hut

Manche Seetiere stechen oder greifen bei Bedrohung an. Die Stacheln des Feuerfisches enthalten ein Gift, das Angreifer lähmen oder töten kann.

Im Schwarm

Viele kleine Fische sammeln sich in riesigen Schwärmen. So wirken sie viel größer und stärker als ein einzelner Fisch. Einen Angreifer verwirrt das.

Die Dämmerungszone

Tief unter der sonnendurchfluteten Wasseroberfläche wird das Licht in der geheimnisvollen Dämmerungszone schnell schwächer. In 180 Metern Tiefe ist es schwarz wie die Nacht.

Meeresriese

In der Dämmerungszone ist es kälter als in der sonnigen Zone, aber manche Meerestiere haben sich daran angepasst. Der größte Bewohner ist der Pottwal, der nach Kalmaren taucht.

Anglerfisch-Weibchen sind so groß w

Nachdem er an der Oberfläche Luft geholt hat, kann ein Pottwal bis in 1000 m Tiefe hinabtauchen.

Der Furcht erregend aussehende Vipernfisch jagt Riesengarnelen.

Viele Kalmare der Dämmerungszone können selbst Licht erzeugen.

Gegenseitig

Kalmare sind in diesen Tiefen die Nahrung vieler Fische. Aber auch sie selbst sind geschickte Räuber, die ihre Beute mit den Armen packen.

Leuchtende Kalmare

Vipernfisch

Wie tief reicht die Dämmerungszone?

Fischen im Dunkeln

Anglerfische sind in der Dämmerungszone zu Hause. Das Weibchen hat eine Angel.

Scheinwerfer

Laternenfische sind an die Dunkelheit angepasst, denn sie machen sich selbst Licht. Verschiedene Arten haben unterschiedliche Lichtmuster, an denen sie sich erkennen.

Junger Anglerfisch

Der Anglerfisch besitzt eine eigene Angel mit einem leuchtenden Köder, der neugierige Fische anlockt.

Laternenfische sind die häufigsten Fische in der Dämmerungszone.

eine Grapefruit, Männchen nur fünf Zentimeter lang.

Eine Riesengarnele spuckt eine leuchtende Flüssigkeit auf einen Feind.

Rote Riesengarnele

Rotes Versteck

Viele Tiere der Dämmerungszone sind rot, sehen aber in der Dunkelheit schwarz aus. Sie sind unsichtbar für Räuber und Beutetiere.

Gruslig

Mit großen Augen können die Fische im Dämmerlicht besser sehen. Beilfische erkennen ihre Beute. Aber sie verschlingen nur das, was direkt vorbeischwimmt.

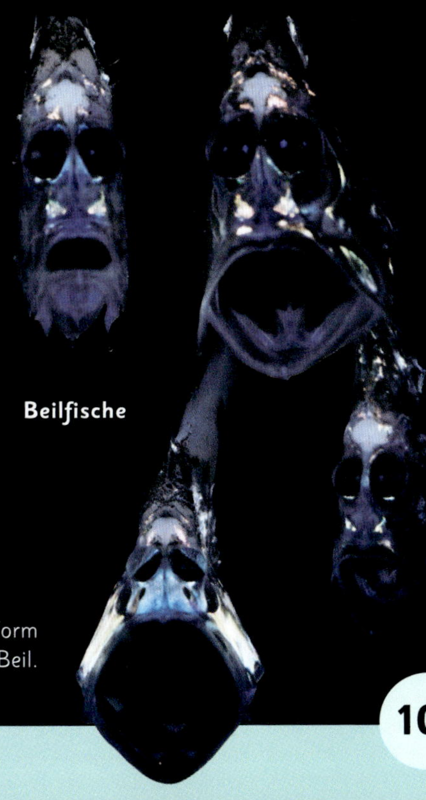

Beilfische

Beilfische haben eine Form wie ein Beil.

Sie endet etwa in 1000 Metern Tiefe.

Die Tiefsee

Tiere, die am Grund des Meeres leben, müssen Dunkelheit, Kälte und großen Druck aushalten. Außerdem gibt es nur wenig Nahrung.

Der Magen des Pelikanaals ist enorm dehnbar. So kann er Beute verschlucken, die größer ist als er selbst.

Pelikanaal

Gefräßig
Der Pelikanaal ist perfekt an seine Umgebung angepasst. Mit seinem großen Maul verschlingt er Beutetiere, die vorbeischwimmen.

Schwarze Raucher

Wie Schornsteine ragen die Schwarzen Raucher am Meeresboden auf. Bakterien ernähren sich von den Mineralien, die frei werden. Würmer fressen die Bakterien.

Die Würmer haben weder Mund noch Magen.

Interessant!
Schleimaale heißen so, weil sie durch Poren große Mengen an Schleim abgeben.

Brauchen Lebewesen an Schwarzen Rauchern Sonnenlicht?

Ein Maul ... mit einem langen Schwanz

Der Pelikanaal kommt noch in drei Kilometern Tiefe vor.

Schleimaal

Ohne Eile

Grenadierfische sind Aasfresser. Sie sammeln die Überreste toter Tiere am Meeresboden auf. Diese Fische wachsen sehr langsam. Es dauert 60 Jahre, bis sie 60 Zentimeter lang sind.

Tischmanieren

Schleimaale haben keine richtigen Augen und keine Kiefer. Wenn ein Schleimaal hungrig ist, gleitet er in einen toten Fisch und beginnt zu fressen – von innen nach außen.

Der Pelikanaal kann sich auf fast zwei Meter Länge ausdehnen.

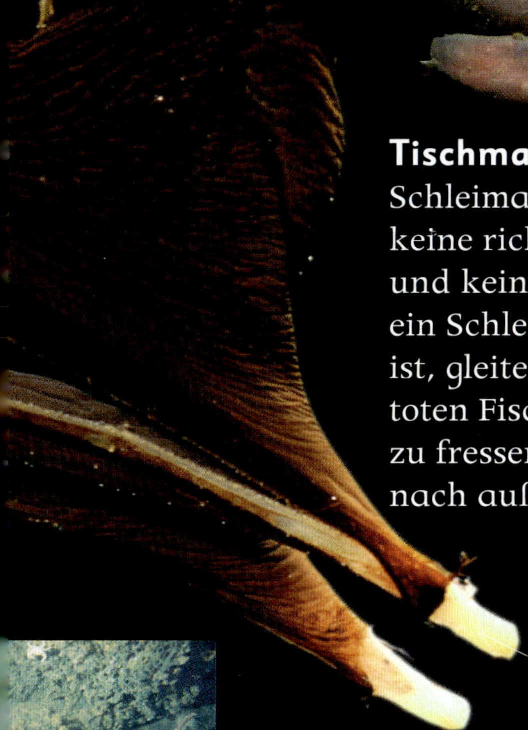

Der Pelikanaal kann seine Kiefer aushängen, um größere Fische zu verschlucken.

Riesige Röhrenwürmer

Manche Röhrenwürmer am Grund der Tiefsee sind länger als ein Mensch. Würmer haben keinen Mund. Sie nehmen Nährstoffe aus dem Wasser auf.

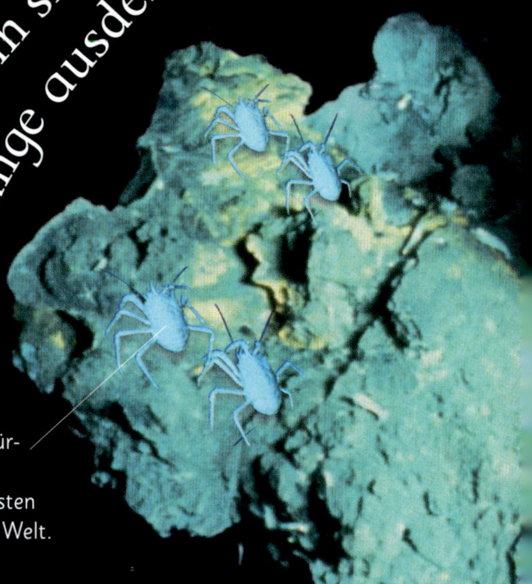

Diese merkwürdigen Wesen sind die kleinsten Garnelen der Welt.

Nein.

Eismeere

Auf der Unterseite von Eisschollen sind kleine Höhlräume, in denen Algen wachsen. Deshalb sind die Eisschollen etwas grün gefärbt. Sogar in dieser frostigen Umgebung leben viele Tiere.

Sattelrobbe

Der lateinische Name für die Sattelrobbe bedeutet: „Lebt in Grönland und mag das Eis“.

Robben haben eine dicke Speckschicht, die ihren Körper im eisigen Wasser schützt.

Königspinguin

Ein Pinguin kann nicht durch die Luft fliegen. Aber er „fliegt“ mit Flügelschlägen durchs Wasser!

Pinguine paddeln ...

Kälte-Profi

Der Eisfisch ist der einzige Fisch, der keine roten Blutkörperchen besitzt. Er hat ein Frostschutzmittel im Blut, damit er nicht gefriert.

Eisfisch

Wie heißt der kleinste Pinguin?

Viele Meerestiere fressen Krill, zum Beispiel Bartenwale, Eisfische und Kalmare.

Auf der Weide

Kleine Krebstiere, Krill genannt, fressen die Algenschicht unter dem Eis, wenn es im Frühjahr taut.

Mahlzeit!

Walrosse tauchen zum Grund und suchen nach großen Muscheln.

Mithilfe seiner Stoßzähne zieht sich das Walross aus dem Wasser und kämpft gegen Rivalen.

Mit seinen kräftigen Vorderflossen schiebt sich das Walross durchs Wasser.

Endlich satt!

Nachdem es etwa 4000 Muscheln gefressen hat, ruht ein Walross auf dem Packeis und wärmt sich in der Sonne.

… mit ihren Füßen.

Entfernte Bekannte

Eigentlich treffen Pinguine nicht – wie auf diesen Buchseiten – Walrosse und Sattelrobben, die in der Arktis leben. Pinguine wohnen nämlich in der Antarktis.

Mehr wissen

über Pinguine

8–9 Nord- und Südpol

14–15 Die Antarktis

Zwergpinguin. Er wird nur etwa 40 Zentimeter groß.

Meeressäuger

Meeressäuger sind warmblütig und atmen nicht mit Kiemen, sondern mit Lungen. Die Jungen werden von ihren Müttern mit Milch gesäugt, genau wie Menschenbabys. Wale, Delfine und Tümmler sind Meeressäuger.

Delfine leben in Gruppen, die man Schulen nennt. Eine Schule kann aus 1000 Delfinen bestehen.

Delfin-Schule

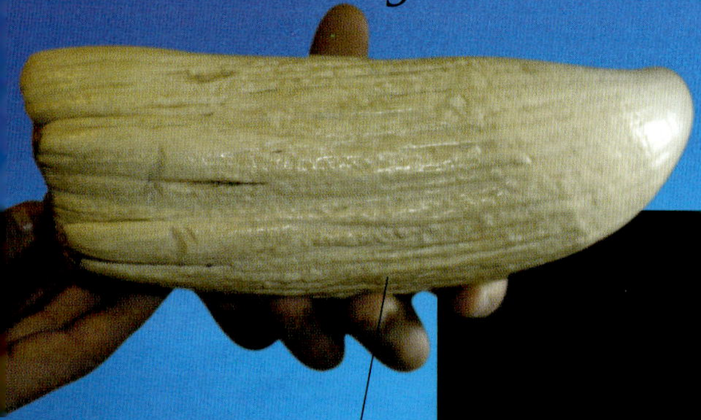

Die Zähne des Pottwals können 20 Zentimeter lang werden.

Pottwal

Mit den Barten filtert der Wal winzige Krebstierchen aus dem Wasser.

Buckelwal

Zahnwale

Manche Wale haben Zähne. Der größte Zahnwal ist der Pottwal. Auf der Jagd nach Riesenkalmaren taucht er in große Tiefen hinab.

Bartenwale

Bartenwale wie der Buckelwal haben statt Zähnen Filterplatten aus Horn, die man Barten nennt. Damit filtert der Wal Nahrung aus dem Wasser.

Können Wale und Delfine unter Wasser atmen wie Fische?

Gruppenarbeit

Ein Delfin muss jeden Tag etwa zehn Kilo Fisch fressen. Wenn die Tiere hungrig sind, jagen sie in Gruppen ganze Fischschwärme zur Oberfläche. Dort sammeln sie die Beute dann auf.

Mithilfe seines verdickten Kopfes, der Melone, kann der Delfin Klicklaute erzeugen.

Das Blasloch sitzt oben am Kopf.

Großer Tümmler

Echolot

Delphine verständigen sich untereinander mit Klicklauten. So finden sie auch ihre Beute. Wie funktioniert das? Die Laute werden von den Beutetieren zurückgeworfen. Man nennt das Echolot.

Schweinswale

Schweinswale sind kleiner als Delfine. Hier siehst du sechs Arten.

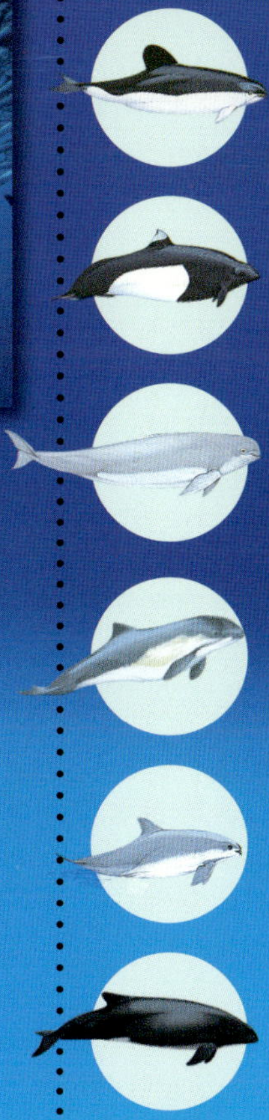

Brillenschweinswale sehen aus, als würden sie eine weiße Brille tragen.

Weißflanken-Schweinswale sind die größten. Sie werden bis zu 2,4 m lang.

Glattschweinswale sind die einzigen Schweinswale, die keine Rückenflosse haben.

Kleine Tümmler kann man oft im seichten Wasser von Häfen beobachten.

Kalifornische Schweinswale sind die kleinsten. Sie werden nur 1,5 m lang.

Burmeister-Schweinswale sind dunkel mit einer flachen Rückenflosse.

Sprudel

An der Oberfläche atmen Wale aus. Dabei entsteht eine Fontäne aus öligem Meerwasser, der „Blas". Danach füllen sie ihre Lungen wieder mit Luft.

Nein, sie kommen zum Atmen nach oben.

Vorsicht!

Manche Meerestiere können Taucher ernsthaft verletzen oder töten. Diese Tiere sollte man unbedingt meiden:

Seeschlange: Ihr Gift ist viel wirkungsvoller als das von Landschlangen.

Kegelschnecken können Menschen mit ihrem Gift töten. Hebe nie eine auf!

Der Blauring-Krake ist klein, aber auch sein Gift kann einen Menschen schnell töten.

Diese Würfelqualle kann schmerzhaft nesseln. Ihr Gift ist ebenfalls tödlich.

Eine Würfelqualle hat bis zu 15 Tentakel an jeder Ecke.

Reiche Jagdgründe

Diese Bronzehaie haben eine Fischschule dicht zusammengetrieben. Jetzt können sie die Fische ganz einfach fangen.

Bronzehai

Gefahren

Viele Gefahren lauern in den Meeren, wie kleine Tiere, die kräftig zubeißen, und hungrige Haie.

Stacheliger Eindringling

Der Dornenkronen-Seestern frisst gerne Korallen. Manchmal fallen ganze Gruppen über ein Riff her und fressen es kahl.

Zum Fürchten

Viele Leute haben Angst vor dem Weißen Hai. Menschen greift er aber selten an. Trotzdem sind Weiße Haie gefährliche Jäger.

Der Weiße Hai hat Reihen rasiermesserscharfer Zähne. Wenn einer ausfällt, tritt ein Zahn aus einer der hinteren Reihen an seine Stelle.

Welcher ist der größte Fisch der Erde?

Gefahr kommt auch von oben. Viele Seevögel stoßen ins Wasser hinab und erbeuten Fische oder Krabben.

Ölpest

Eine Ölpest an der Küste ist für die Natur eine Katastrophe. Das Öl schwimmt an der Meeresoberfläche, bis es an Land gespült wird. Es verklebt alles, womit es in Berührung kommt.

Öl verklebt das Gefieder der Vögel. So kühlen sie aus.

Tordalk

Überfischung der Meere

Die größten Bedrohungen der Meere gehen vom Menschen aus: Überfischung und Verschmutzung. Wenn zu viele Fische gefangen werden, können sich die Bestände nicht erholen.

Manche Fischarten werden sich nicht mehr von der Überfischung erholen.

Tödliche Wellen

Riesige Wellen, die man Tsunamis nennt, verwüsten manchmal Küsten. Häuser und Boote werden vom Wasser erfasst, herumgeschleudert und zerschmettert.

Der Walhai.

Mangrovensümpfe

In Sümpfen an tropischen Küsten wachsen oft Mangrovenbäume. Die Wurzeln ragen wie Stelzen aus dem Wasser.

Die Wurzeln filtern Sauerstoff aus der Luft.

Zu salzig

Mangrovenbäume werden das Salz los, indem sie es in der Rinde und in Blättern speichern, die absterben. Auch die Wurzeln filtern Salz.

Kinderzimmer

Die dichten Wurzeln der Mangrovenbäume bieten jungen Fischen, Muscheln und Krebstieren einen sicheren Unterschlupf.

Der Schützenfisch kann Insekten abschießen, die über der Wasseroberfläche fliegen. Sie fallen dann ins Wasser.

Die Vorderflossen benutzt der Schlammspringer wie Beine.

Spaziergang

Der Schlammspringer ist ein Fisch, aber er kann lange Zeit außerhalb des Wassers leben. Dabei speichert er Wasser in seinen großen Kiemenkammern.

Wachsen Mangrovenbäume auch im Süßwasser?

Aufgepasst!

In Australien und Asien lebt das Leistenkrokodil in Mangrovensümpfen. Männchen können sechs bis sieben Meter lang werden.

Keimlinge

Manche Samen keimen, während sie noch am Mangrovenbaum sind. Dann fallen sie ab und treiben weg, bis sie eine geeignete Stelle finden. Schließlich bilden sie neue Wurzeln aus.

In abgestorbenen Blättern ist Salz gespeichert, das der Baum abgibt.

Schmeckt gut

Javaneraffen gehören in Indonesien zu den größeren Bewohnern der Mangrovensümpfe. Sie ernähren sich von Krabben.

Entwischt

Javaneraffen kennen sich so gut in den Mangrovensümpfen aus, dass sie ohne zu zögern ins Wasser springen. Damit entkommen sie ihren Feinden.

Ja. Aber im Salzwasser gibt es keine anderen Bäume, die sie verdrängen könnten.

Ortschaften

Auch in den Städten und Dörfern gibt es viele wilde Tiere und Pflanzen. Manchmal richten sie sogar Schäden an.

Menschen

Nächtliche Satellitenaufnahmen zeigen viele Städte der Erde – allerdings nur die, wo es genug Elektrizität gibt.

Möwe

Rotfuchs

Säugetiere

Wildtiere wie der Rotfuchs haben schnell gelernt, in der Nähe der Menschen zu leben. Sie wissen, dass wir leckere Dinge wegwerfen.

Vögel

Viele Menschen füttern Vögel. Manche der Vögel picken das Futter sogar aus der Hand. Oft hinterlassen die Tiere allerdings lästigen Vogeldreck.

Wie viele Menschen leben zurzeit auf der Erde?

Keimling eines Ahorns

Pflanzen

Teer und schwere Pflastersteine sind für Pflanzen nicht immer ein Hindernis. Eine kleine Pflanze richtet keinen Schaden an. Große können mit ihren Wurzeln Pflastersteine hochdrücken.

Möwen sieht man häufig nicht nur an der Küste, sondern auch im Binnenland.

Stadtleben

Insekten, Vögel und größere Tiere sind überall – sie kommen auch in unseren Städten vor.

Wissens-Quiz

Finde heraus, welche Bilder im Kapitel Ortschaften zu den unten stehenden Fotos gehören.

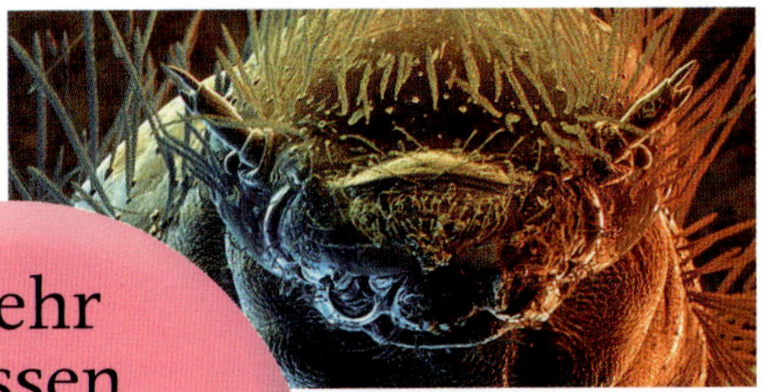

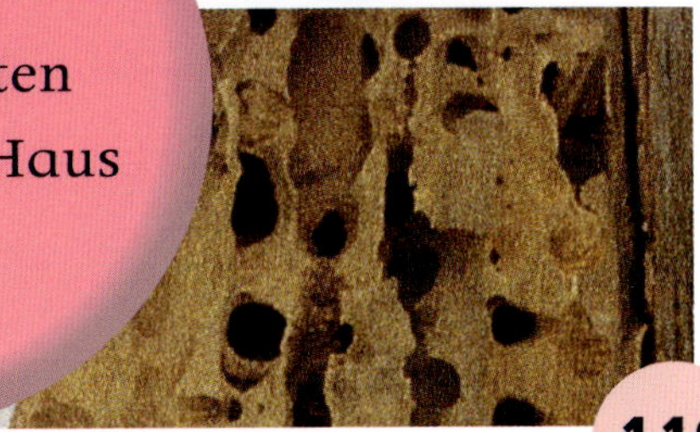

Mehr wissen
über Insekten
122–123 Im Haus

Mehr als 6,5 Milliarden.

Draußen

In unserer Nachbarschaft haben sich etliche Tiere angesiedelt. Man sieht sie häufig herumstreunen.

Ratten

Wanderratten gelangten auf Schiffen in alle Teile der Erde. Jetzt kommen sie überall vor, wo Menschen leben. Oft hausen sie in Kanälen.

Füchse

In Vorstädten mit größeren Gärten kann man manchmal Füchse sehen. Sie überleben aber auch in dicht bebauten Gegenden.

Rotfüchse sind in der arktischen Tundra genauso zu Hause wie in Städten.

Waschbären

Mit ihren geschickten kleinen Händen können Waschbären Plastik- oder Papierverpackungen öffnen und Verschlüsse aufschrauben.

Das schwarze Fell sieht aus wie eine Maske.

Durch welches Ereignis in der Geschichte ist die Wanderratte berüchtigt?

Ratten fressen fast alles.

Unkraut

Im Garten gibt es etliche Pflanzen, die den Nutz- und Zierpflanzen den Platz wegnehmen.

Die Klette verbreitet ihre Samen, indem sie an Tieren hängenbleiben.

Weidenröschen besiedeln Ödland, wo noch keine anderen Pflanzen wachsen.

Brennnesseln haben viele gute Eigenschaften. Oft überwuchern sie aber alles.

Abfall

Möwen sammeln sich auf Müllhalden. In Essensresten und anderem Müll vermehren sich Maden. Eine Möwe findet hier ein leckeres Mahl.

Stadttaube

Tauben

Stadttauben stammen von Felsentauben ab, die auf Klippen an der Küste nisten. Für die Tauben sind Dachvorsprünge so ähnlich wie Klippen.

Ein winziger Garten

Menschen bepflanzen Blumenkästen, damit die Häuser bunter werden. Die Blüten locken Bienen, Schmetterlinge und andere Insekten an.

Elche

In der Stadt Anchorage in Alaska leben mehr als 1000 Elche. Sie weiden in den Gärten und wenn Autofahrer nicht aufpassen, kommt es zum Unfall.

Hummeln, Bienen und Schmetterlinge verbreiten den Pollen der Blüten.

Elche sind in Alaska eine Gefährdung für den Straßenverkehr.

Die Pest wurde im 14. Jahrhundert durch Rattenflöhe verbreitet.

Im Haus

Wahrscheinlich siehst du zu Hause jeden Tag Insekten und auch größere Tiere. Es gibt mehr, als du glaubst!

Im Keller

Schwarze Witwen leben in Nordamerika in dunklen Ecken unter Fußbodenbrettern. Ihr Biss enthält ein Nervengift, das Muskeln lähmen kann und sehr starke Schmerzen hervorruft.

Schwarze Witwe

Die Schwarze Witwe ist die gefährlichste Spinne Nordamerikas.

Im Staub

Hausstaubmilben leben überall im Haus. Diese mikroskopisch kleinen Tierchen fressen Hautschuppen, die die Menschen ständig verlieren. Man findet die Milben im Staub.

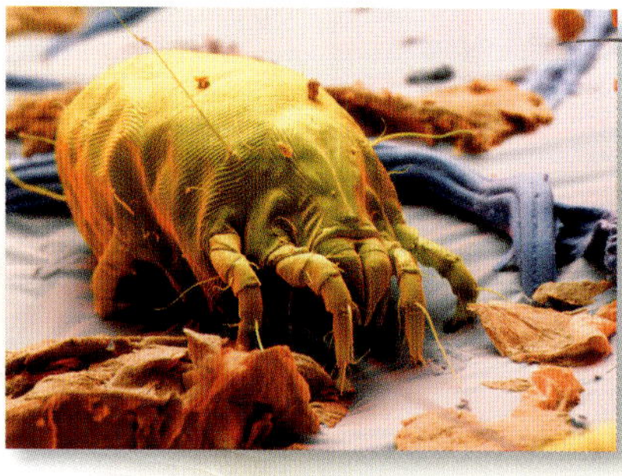

Im Vorratsschrank

Kleine Käfer krabbeln in offene Mehl-, Reis- oder Nudeltüten und legen winzige Eier, aus denen Larven schlüpfen.

Mehlkäferlarven

Mehlkäfer

Hausmaus

Eine Maus im Haus

Unter Bodendielen verstecken sich Hausmäuse. Sie kommen nur heraus, wenn es still ist. Dann klettern sie in engen Spalten zwischen Schränken und Wänden hoch und gelangen so ans Futter.

Im Speicher

Wenn du schon mal von einer Wespe gestochen worden bist, weißt du, wie weh das tut. Manche Wespen bauen ihre Nester in Speichern oder unter Balken am Haus. In einem Nest können bis zu 5000 Wespen leben.

Wespennest

Wespe

Totenuhr

Untermieter

Noch viel mehr Tiere leben auf der ganzen Welt mit den Menschen in Häusern.

Kleidermotten: Die Raupen fressen Löcher in Wollpullover und Pelzmäntel.

Bettwanzen sind Blut saugende Insekten, die sich in Betten verstecken.

Silberfischchen können Papier verdauen. Tapeten sind für sie Nahrung.

Schaben lieben warme, feuchte Orte und fressen fast alles.

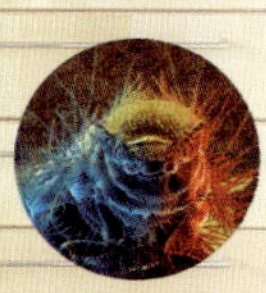

Pelzkäferlarven ernähren sich von den Wollfasern der Teppiche.

Kohlschnaken fliegen oft in unsere Häuser. Sie können nicht stechen.

Geckos: In Asien sind sie in Häusern willkommen – sie fressen Insekten.

Bücherläuse findet man in gelagertem Mehl oder Papier – daher ihr Name.

Im Holz

Holzwürmer sind keine Würmer, sondern Käferlarven. In der Natur fressen sie abgestorbene Bäume, aber auch Holzböden und Balken schmecken ihnen. Einer dieser Käfer ist die Totenuhr.

Larve der Totenuhr

Die Larven der Totenuhr können Holzbalken zerstören.

Fliegen

Stubenfliegen „spucken“ auf ihre Nahrung, damit der Speichel sie auflöst. Dann saugen sie das Futter mit dem Rüssel ein.

Stubenfliege

Stubenfliegen können mit den Füßen schmecken.

Nein, es sind Insekten.

Register

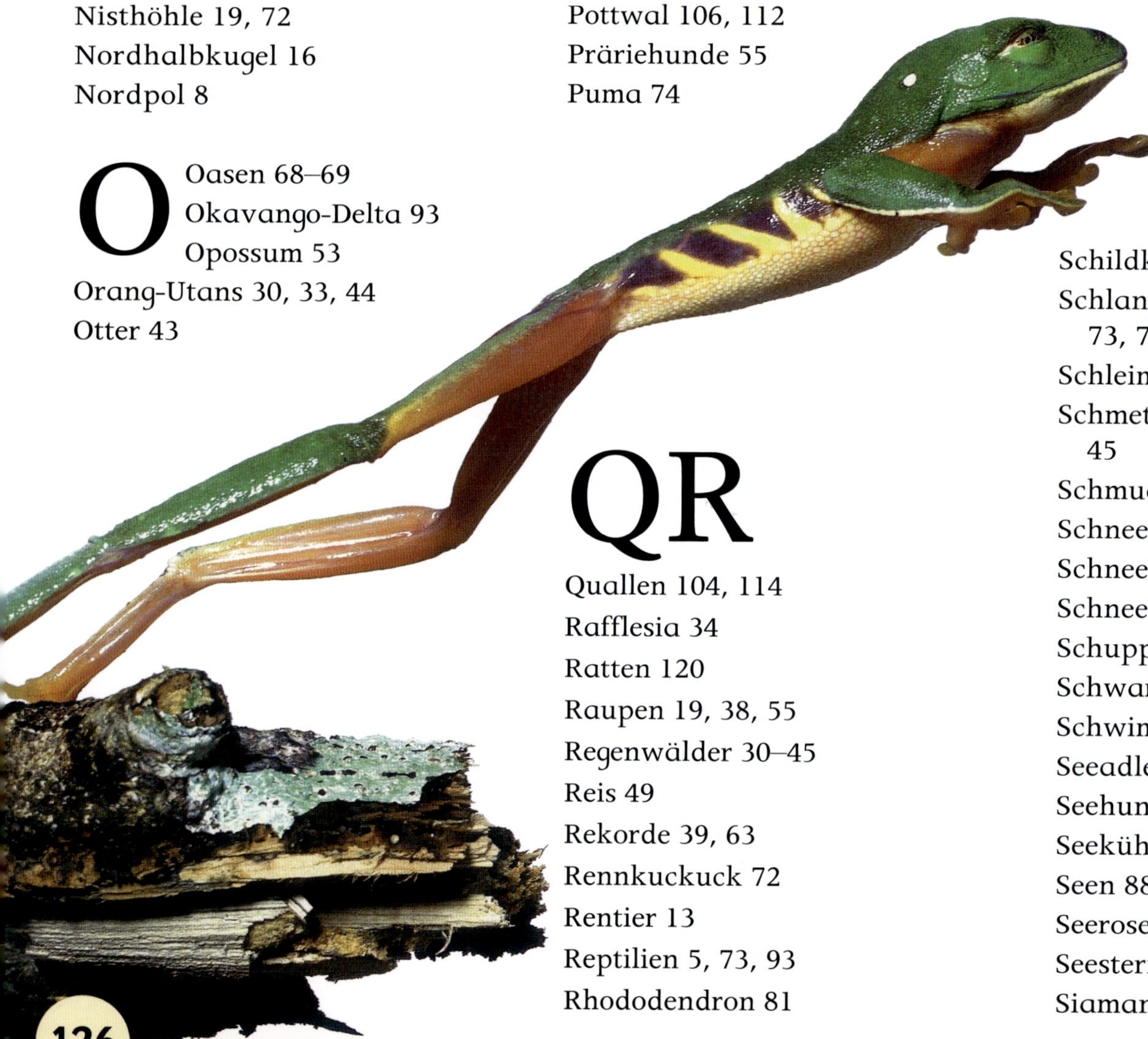

Bildnachweis und Dank

Der Verlag dankt den folgenden Personen und Institutionen für die freundliche Genehmigung zum Abdruck ihrer Bilder:

(Abkürzungen: o = oben; u = unten; m = Mitte; g = ganz; l = links; r = rechts; go = ganz oben)

Alamy Images: Oote Boe 118-119; Rachael Bowes 57ul; Nigel Cattlin 123l (Bücherläuse); Danita Delimont 72l, 72ur; James Osmond 119go; Pictorial Press 69mru; Kevin Schafer 43ur; James D. Watt 97mr; Gunter Ziesler 57ur; **Bryan and Cherry Alexander Photography:** 11mr, 12um, 13gor, 13ur; **Ardea.com:** Brian Bevan 16l, 17mr; Jean-Paul Ferrero 44mr; Bob Gibbons 100gol; Jean Michel Labat 46um; Stefan Meyers 86mlu; Ron & Valerie Taylor 104ml; Zdenek Tunka 87um, ml; M. Watson 23gor; **Bat Conservation International:** Merlin D. Tuttle 71; **Steve Bloom/ stevebloom. com:** 93ml, gol; Corbis: Theo Allofs 98mu; Craig Aurness 119mru, 121ul; B.S.P.I 102gor; Anthony Bannister 123l (Bettwanze); Tom Brakefield 51gmru; Suzanne Brookens 56go, 57m; Ralph A. Clevenger 9go; Brandon D. Cole 97um (Schleimaal), 109ml; W. Perry Conway 55gol; Peter McDiarmud/Reuters 39gmru (Stabheuschrecke); Douglas Faulkner 94um; Michael & Patricia Fogden 24ur, 33um; D. Robert & Lorri Franz 52ul; Farrell Grahan 94m; (Springbock), Martin Harvey 51gmr, 54ul; Hal Horwitz 67mro (Langlebige Kiefer); George H. H. Huey 67mro (Kreosotbusch); Gallo Images 33m; 56gol; Gavriel Jecan 47ur, 51; Peter Johnson 12mr, 51ur, 57gor, 60ul, 61mlo; Frans Lanting 42gor; George D. Lepp 65mr; Joe Macdonald 51gmr (Gabelbock), 53gor; George McCarthy 24gor; David Muench 62mlo, 95l; Carl & Ann Purcell 95gor; Jeffrey L. Rotman 50mr; Gallen Rowen 9gor, 15gol; Kevin Schafer 34mr, 51ml; Paul A. Souders 6ul, 48-49; Kennan Ward 11gor; Chad Weckler 49gor; Ralph White 108-109u, 109gor; Tony Wilson-Bligh / Papilio 7gmru; Winfred Wisniewski/FLPA 14ml; Michael de Young 10gol, 66, 81ur, 87mro,103mro; **DK Images:** Natural History Museum 30mo, 45gol; **FLPA - images of nature:** Thomas Mangelsen/Minden Pictures 26mu; Gerry Ellis/Minden Pictures 22m, 73ul; Danny Ellinger/Photo Natura 73ur; Michael & Patricia Fogden/Minden Pictures 37m (Pfeiffrosch), 40gol, 40ul; 41l; Slivestris Fotoservice 30ul; Mitsuhiko Imamori 38ur; Heidi & Hans Juergen-Kochs 42-43u; Frans Lanting/ Minden Pictures 28-29, 35ur, 44ul; 82gol; Flip Nicklin/Minden Pictures 42l; Mark Moffett/Minden Pictures 21um; Tui De Roy/Minden Pictures 29ur, 74-75, 80-81; Jürgen & Christine Sohns 80ur, 81gol; Albert Visage 31mro, 34ul; Terry Whittaker 44mo; Konrad Wothe/Minden Pictures 77mr; Norbert Wu/Minden Pictures 97um, 106ur, 107um, 108-109; **Getty Images:** 121mr; Aquavision 102ur; Daryl Balfour 48mr; Gary Bell 18; Peter Bisset 94gol; Tom Brakefield 45ul; Ian Cartwright 75ul; John Chard 62-63; Stuart Cohen 75mru; Daniel J. Cox 35gor; Paolo Curto 112mu; Siegfried Eigstler 58-59u; Timothy Hearsum 72-73; Gerald Hind 53; Steven Hunt 97gmr, 104gol; Jeff Hunter 102; Russell Illig 75m; Panoramic Images 61gol; Lonny Kalfus 11 ; Michael Kelley 87gol; Frank Lemmens 6gol, 68-69; David de Lossy 76mu; Alan Majchrowicz 27gor; Margaret Mead 37gor; Jeff Mermelstein 121go; Marvin E. Newman 94ul; Michael K. Nichols 75ur, 76ul; Paul Nicklen 8u, 97gmro, 111r, 128u; Joseph Van Os 15ul, 27ul, 28m, 52ml; Ben Osbourne 15ur; Yoshio Otsuka 49; Michael S. Quinton 89mru; Norbert Rosing 16, 111ml; Jeff Rotman 105; Rubberball 76um; Brian J. Skerry 110; Stockbyte 96; Stephen Studd 17mru, 18mr; Keren Su 27ur; Harald Sund 4mlo, 22l; Medford Taylor 116gol, 117gor; Roy Toft 23ml, 23ur; Stuart Westmoreland 103gol; Art Wolfe 9mr, 14ur, 15gom, 15gor, 52gor; Jeremy Woodhouse 70ul; Paul A. Zahl 107ur; **Image Quest Marine:** 107gom, gor;
Magnum: Paolo Pellegrin 115ul;
N.H.P.A.: 60-61u, 67gom; Anthony Bannister 54gor; Bill Coster 27gol; Stephen Dalton 36m, 84mlu; Jeff Goodman 50ur; Martin Harvey 50l, 115r; Brian Hawkes 97gol; Adrian Hepworth 30-31; Daniel Heuclin 37m (Wabenkröte), 37gol, 61gor; T. Kitchin & V. Hurst 74u; Hellio Van Ingen 11ur; Michael Leach 118ul; A.N.T. Photo Library 28gor, 37m (Magenbrütender Frosch); Lutra 88ul; Kevin Schafer 73; **Natural Visions:** Heather Angel 21m, 21mlu; Richard Coomber 60m; **Nature Picture Library:** 71r; Pete Cairns 89mo; Adrian Davies 91ur; Jurgen Freund 116m, 117gol; Barry Mansell 79mlo; Anup Shah 117ul, 117ur; David Shale 107m; Doug Allan 110u; Kathie Atkinson 63gor, 65ur; IFA Bilderteam 77gom; Michael Fogden 64gor, 64mu, 65um; Nick Gordon 40ml; Rodger Jackman 63ul, 68mro, 68m; Mark Jones 83mlo; Brian Kenney 70ur; Scripps Inst. Oceanography 109ur; OSF 96um; **Planetary Visions:** 4-5m; **Science Photo Library:** 25gml; British Antarctic Survey 9ur, 15mr; B. Murton / Southampton Oceanography Centre 108l; Kenneth Librecht 14gol; Tom McHugh 55ul; David Scharf 119gmru, 123l (Pelzkäfer); Eye of Science 49mr; Sheila Terry 102m; Seapics.com: 97mr (Wal), 97gur, 97gur (Kalmar), 103m, 106gor, 106ml, 106m, 106ul, 112go, 112ml, 112um, 113l, 113ur, 114ul, 114ur, 115gol; Still Pictures: C. Allan Morgan 39gmru (Schnellkäfer); Michael Sewell 39mlu; **Zefa Visual Media:** Winfried Wisniewski 51gmru (Gazelle)

Cover: vorn: NASA/DK Images (goml).
Hinten: Courtesy of the Natural History Museum (Blauer Morphofalter mol), Stephen Oliver/DK Images (Zapfen gor).
Rücken: Stephen Hayward/DK Images.

Dank

Dorling dankt: Lorrie Mack und Fleur Star für das Lektorat, Ian Sherratt für die Produktionsassistenz, Helen Stallion für zusätzliche Bildrecherche, Martin Copeland und Rob Nunn für Assistenz im Bildarchiv und Gemma Fletcher für Designassistenz.